✖ Anis ✖ Arnika ✖ Augentrost ✖
Bärlauch ✖ Baldrian ✖ Brennessel ✖ Bohnenkraut ✖ Currypulver ✖ Dill ✖ Estragon ✖
Eibisch ✖ Frauenmantel ✖ Fenchel ✖ Gänseblümchen ✖ Gänsefingerkraut ✖ Gewürz-
nelke ✖ Gundelrebe ✖ Hirtentäschel ✖ Huflattich ✖ Ingwer ✖ Johanniskraut ✖
Klee ✖ (Echte) Kamille ✖ Kümmel ✖ Kerbel ✖ Lavendel ✖ Lorbeer ✖ Liebstöckel ✖
Löwenzahn ✖ Majoran ✖ Muskatnuss ✖ Melisse ✖ Oregano ✖ Odermennig ✖ Peter-
silie ✖ Pfeffer ✖ Pfefferminze ✖ Quendel ✖ Quecke ✖ Ringelblume ✖ Rosmarin ✖
Salbei ✖ Sauerampfer ✖ Safran ✖ Spitzwegerich ✖ Schafgarbe ✖ Schnittlauch ✖
Tausendguldenkraut ✖ Thymian ✖ Vanille ✖ Wacholder ✖ Zimt ✖ Zwiebel ✖

Wir zeigen an, welche Teile der Pflanze verwendet werden

- Das blühende Kraut verwenden
- Die Blüte verwenden
- Die Wurzel verwenden
- Die Blätter verwenden
- Die Samen verwenden

So kannst du uns lesen und verstehen

- Pflück mich, pflück mich!
- Bau mich an, im Garten oder im Blumentopf!
- Ich schmecke gut als Tee!
- Zum Brotbacken ganz wunderbar!
- Ich passe zu allem, was süß ist!
- Ins Badewasser!
- Mich kannst du zum Kochen verwenden!
- Frisch und roh schmecke ich gut!
- Zur Suppe, zur Suppe!
- Achtung, scharf!
- Ich heile!

Das Buch, gegen das kein Kraut gewachsen ist

Für **Christa**, die Kräuterkundige,
unsere großzügige und unermüdliche Beraterin

Gerda Anger-Schmidt ✖ Renate Habinger

Das Buch, gegen das kein Kraut gewachsen ist

Kräuter und Gewürze von Augentrost bis Zimt

NILPFERD
IN RESIDENZ

Vorwort

Wie das Essen am besten schmeckt? Mit Kräutern und Gewürzen natürlich, das weiß ja jedes Kind! Was wäre eine Suppe ohne Liebstöckl, ein Kartoffelpüree ohne Muskatnuss oder ein Stück Brot ohne Kümmel? Gar nicht zu reden vom Apfelkompott ohne Zimt, einem Pudding ohne Vanille und einer Pizza ohne Oregano! Wer würde das essen wollen? Ich nicht! Du vielleicht?

Die **Entdeckungsreise** durch das köstliche Universum der Kräuter und Gewürze führt uns zum feinen Aroma der Vanille und zum eigenwilligen Geschmack der Gewürznelke. Wir müssen aber gar nicht so weit reisen, um das leicht pfefferige Bohnenkraut zu entdecken und den nach Knoblauch riechenden und schmeckenden Bärlauch. Du kannst sie alle spielend kennen lernen - vom Augentrost bis zum Zimt, mit dem Finger erkunden, was in Suppe und Salat passt, und dich auf die Suche nach dem Null-Angst-Kraut machen. Dieser Weg ist allerdings weit.

Wenn wir Kräuter und Gewürze in ihrer Vielfalt verwenden, werden sie uns nicht nur mit ihrem wunderbaren Geschmack beschenken und bereichern, sie werden uns darüber hinaus auch helfen, unseren Körper zu **stärken und gesund** zu **bleiben.** Abwechslungsreich zu essen bedeutet also nicht nur Genuss, sondern auch Vorbeugen gegen Krankheiten. Es versteht sich von selbst, dass man zum Arzt geht, wenn man krank ist. Aber möglicherweise wird man weniger oft einen Arzt benötigen, wenn die guten Kräuter übers ganze Jahr verteilt in der Nahrung ihre Wirkung tun können.

Und nicht zuletzt helfen Kräuter und Gewürze wunderbar, um uns **wohlzufühlen.** Wenn man müde ist und sich ein entspannendes Duftbad bereitet – mit ein paar Tropfen ätherischen Öls von Melisse oder Lavendel – wird die Nacht ein Traum. Wenn der Kopf schon raucht vor lauter Denken und Hausaufgaben, wirken ein Glas Wasser, ein kleiner Lauf durch die Wohnung und der anregende Geruch von Minze aus der Duftlampe Wunder.

Aber jetzt genug der Loblieder! Auf in die Gewürzabteilung, in den Garten, zu den Kräutertöpfen auf der Fensterbank, in den Wald und auf die Wiese **zu all den Köstlichkeiten,** die auch Bär und Fuchs, Schnecke und Igel nicht verachten. Schließlich wissen nicht nur sie, was **wohl tut und gut schmeckt**!

Renate Habinger

Viele Dinge nimmt zuerst das **Auge** wahr: Licht und Dunkel, verschiedene Farben und natürlich – ganz wichtig – die Bewegung. Das Auge hilft uns, uns in der Welt zurecht zu finden.

Augentrost *Euphrasia officinalis*

Familie: Braunwurzgewächse | Rachenblütler

Ich heiße auch: **Augenbleaml, Augenmild, Lichtkraut, Milchdieb, Weihbrunnkessel**

Wo ich zu Hause bin: Augentrost wächst auf Wiesen, an Ufern und Waldrändern.
Wofür ich gut bin: Augentrost hemmt Entzündungen, fördert die Verdauung und wirkt zusammenziehend. Er ist auch wirksam bei Erkrankungen der Atmungsorgane. Ganz besonders wird er aber als Mittel für die Augen verwendet: Als lauwarmer Umschlag (mit getränkten Wattebäuschchen auf die geschlossenen Augen) ist er bei Augenentzündungen und überanstrengten Augen sehr wohltuend. Es kann auch das offene Auge mit einer Augenbadewanne gebadet werden – allerdings sollte für jedes Auge eine eigene vorhanden sein, um die Übertragung einer Infektion zu vermeiden!
Der Name **Milchdieb** bezieht sich übrigens darauf, dass Augentrost in der Zeit des Stillens von Babys nicht günstig wirkt – die Milch wird weniger.

Petersilie
Klee
Pfefferminze
Pfeffer
Quendel
Quecke
Ringelblume
Rosmarin
Salbei
(Echte) Kamille
Kümmel
Kerbel
Lavendel
Lorbeer
Liebstöckel
Eibisch
Frauenmantel
Fenchel
Gänse-
blümchen
Anis
Arnika
Augentrost
Bärlauch
Baldrian
Brennessel
Bohnenkraut
10

Currypulver aus:
Pfeffer
Chillipfeffer
Gewürznelken
Zimt
Kardamom
Ingwer
Muskatnuss
Koriander
Muskatblüte
Kurkuma (Gelbwurz)
Bockshornklee
Piment
Kreuzkümmel
Mohn
Senfsamen
Dill
Estragon
Die Blättchen werden verwendet.
A
Gänsefingerkraut
Gewürznelke
Gundelrebe
Hirtentäschel
Huflattich
Ingwer
Johanniskraut
Alle
alphabetisch
Löwenzahn
Majoran
Muskatnuss
Melisse
Oregano
Odermennig
Safran
Spitzwegerich
Schafgarbe
Schnittlauch
Tausendguldenkraut
Thymian
Vanille
Wacholder
Zimt
Zwiebel

Die Allrounder

Manche Pflanzen wirken auf viele Bereiche im Körper gleichzeitig, deshalb kann man sie als Allrounder bezeichnen. Zu ihnen gehören so bekannte Kräuter wie **Kamille**, solche, die überall anzutreffen sind wie das **Gänseblümchen** (Seite 45) und der **Spitzwegerich** (Seite 49) und nicht zuletzt der zu Unrecht weniger bekannte **Odermennig**. **Gundelrebe** und **Melisse** (Seite 38) wachsen wie das viel zitierte Unkraut. Dabei schmecken sie wunderbar!

Gundelrebe

Glechoma hederacea

Familie: Lippenblütler

Ich heiße auch: **Stinkender Absatz, Donnerrebe, Blauhuder, Heilrauf, Guck durch den Zaun**

Wo ich zu Hause bin: Gundelrebe wächst an Hecken, auf Brachäckern, feuchten Wiesen, Waldwiesen und Rainen und macht dabei meterlange Triebe.

Besonders gut schmecke ich so: Als Frühlingssuppe und in Frühlingssalaten, roh und gekocht und auch als Tee.

Wofür ich gut bin: Die Gundelrebe wirkt anregend auf den Gesamtstoffwechsel. Sie ist eine ausgezeichnete Heilpflanze für die Behandlung der verschiedensten Erkrankungen der Atmungsorgane, seien es Katarrhe, Brustbeschwerden, Lungenverschleimung, Bronchialreizungen oder Bronchialasthma. Sie hilft bei Nervenschwäche, regt die Harnausscheidung an und hilft auch bei Störungen im Magen- und Darmbereich. Die Bitterstoffe wirken auf Leber und Galle. Äußerlich wird sie für Waschungen und zum Gurgeln verwendet.

(Echte) Kamille

Matricaria chamomilla

Familie: Korbblütler

Ich heiße auch: **Apfelkraut, Kummerblume, Mutterkraut, Herminzel**

Wo ich zu Hause bin: Die Echte Kamille erkennt man am hohlen Blütenkopf. Sie wächst gern in Gemeinschaft mit Getreide (Weizen, Roggen, Gerste) und gedeiht auch auf dürftigen Böden, auf Brachfeldern und an Wegrändern.

Wofür ich gut bin: Die Echte Kamille ist das bekannteste Heilkraut. Sie wirkt auf Grund ihrer beruhigenden und schmerzstillenden Eigenschaften als Tee bei der Behandlung von Magen- und Darmbeschwerden. Sie wirkt entzündungshemmend, schmerzstillend, beruhigend, krampfstillend und blutreinigend. Sie wirkt als Badekraut wohltuend, z.B. bei Menstruationsbeschwerden.

Allerlei

Lied nach der Melodie von „Alle meine Entlein“

Alle meine Kräutlein geb ich in'n Salat, geb ich in'n Salat,
Blätter, Blüten, Wurzeln – auch mal in'n Spinat.

Alleskönner

Odermennig

Agrimonia eupatoria

Familie: Rosengewächse

Ich heiße auch: Ackerblume, Franzkraut, Fünfblatt, Ottermönch, Heilandtee

Wo ich zu Hause bin: Odermennig wächst in ganz Europa. Er bevorzugt Wegränder, sonnige Raine und Waldränder.

Besonders gut schmecke ich so: Als Frühstückstee und als Eistee ist Odermennig wunderbar erfrischend und beeindruckt mit seiner tiefroten Farbe, wenn man ihn lang genug ziehen lässt.

Wofür ich gut bin: Odermennig gilt als vorzügliches Wundkraut, z.B. bei Hautentzündungen, wirkt wohltuend als Gurgelwasser bei Entzündungen im Mund- und Rachenraum und hilft bei Durchfall. Er fördert auch den Stoffwechsel.

Hoppala

Ka Brille?
Ka Zille?
Ka Wille?
Kamille!

Ah, anregend! **Rosmarin** wirkt anregend bei körperlicher Müdigkeit, **Pfefferminze** befreit und belebt die Atemwege, **Liebstöckl** (Seite 66) regt körperlich an, **Tausendguldenkraut** die Durchblutung des Gehirns.

Pfefferminze

Mentha piperita

Familie: Lippenblütler

Ich heiße auch: **Balsam, Englische Minze, Peperminte, Schmeckerts**

Besonders gut schmecke ich so: Es gibt viele verschiedene Minzensorten, sie eignen sich alle gut für Tee.

Wofür ich gut bin: Pfefferminztee ist ein Verdauungsmittel nach dem Essen. Zur Anregung und Erfrischung: Ein Tropfen ätherisches Öl in die Duftlampe und die Atemwege öffnen sich, das ist sehr wohltuend bei Schnupfen! Man hat das Gefühl, als würde der Kopf klarer werden. Pfefferminze regt den Kreislauf an, löst Krämpfe und ist schmerzstillend. Aber **Vorsicht in der Pubertät:** da kann diese Pflanze zu anregend wirken!

Rosmarin

Rosmarinus officinalis

Familie: Lippenblütler

Ich heiße auch: **Brautkraut, Meertau, Rosmarein, Reslmarie**

Wo ich zu Hause bin: Rosmarin wächst in geschützten, sonnenreichen Lagen im ganzen Mittelmeerraum und wird bei uns in Töpfen und Gärten gezogen. Er ist sehr frostempfindlich.

Besonders gut schmecke ich so: In der Küche passt Rosmarin gut zu Fleisch, zum Beispiel zu Lamm, Geflügel und Kaninchen, weiters zu Fisch und Gemüse, besonders zu Kartoffeln (im Rohr gebacken). Wer ihn reichlich im Garten hat, kann auch zum Grillgut ein paar Zweige dazulegen.

Wofür ich gut bin: Rosmarin fördert die Durchblutung, wirkt krampflösend und anregend. Er stärkt das Herz und fördert die Verdauung. Rosmarin kann als Badezusatz für ein anregendes und wohltuendes Wohlfühlbad verwendet werden.

Ah!

Tausendguldenkraut

Centaurium erythraea

Familie: Enziangewächse

Ich heiße auch: **Apothekerblum, Allerweltsheil, Fieberkraut, Erdgalle,**
Wo ich zu Hause bin: Tausenguldenkraut liebt kalkreichen, lehmigen und eher feuchten Boden, wächst bei uns auf Waldwiesen und Waldlichtungen und gedeiht sogar auf moorigem Grund.
Wofür ich gut bin: Tausendguldenkraut wirkt auf Leber und Galle und es ist eine wunderbare Heilpflanze bei Magenerkrankungen. Es fördert die Verdauung wie alle bitter schmeckenden Kräuter. Tausendguldenkraut wirkt gärungshemmend und mindert das Völlegefühl nach dem Essen. Auf Grund seiner vielen Bitterstoffe ist es auch im „Magenbitter" enthalten. An den bitteren Geschmack kann man sich gewöhnen, indem man Honig zumischt. Tausendguldenkraut wirkt anregend, weil es die Gehirndurchblutung fördert – gut bei mattem Kopf nach zuviel Denken! **Geschützte Pflanze**

Liebstöckl

Anregend, kräftigend und stärkend wirkt Liebstöckl auf den Körper, deshalb ist es erfreulich, dass er so vielseitig verwendbar ist, in Suppen und Saucen, zu Fleisch und zu Gemüse! Mehr über Liebstöckl findest du auf Seite 66.

Zäunen wir unseren Rosmarin ein,
dann bleibt er mein, dann bleibt er dein.
Ansonsten fressen ihn die Schafe –
ob wilde Weiße, ob schwarze Brave.

Edeltraud heißt meine Braut,
sie schwört auf Tausendguldenkraut.

Du schmeckst mich im Kaugummi und im Tee,
ich helfe gegen Husten und gegen Bauchweh,
Als Pflanze breite ich mich gern aus,
brauch wenig Pflege, bin überall zu Haus.

Pfefferminze

Bienen gehören zu den wichtigsten bestäubenden Insekten. Ihnen verdanken wir großteils, dass wir Äpfel und Birnen, Dille und Zucchini genießen können. Wie man sieht, produzieren sie nicht nur Honig.

Buchstabensuppe: LPT

(= Lebensmittelproduktionstournier)!

Benötigt werden 1 – 7 Person(en) – mehr oder weniger, Papier und Stift – sowie Antworten auf die Frage:
Wer liefert die originellsten und schrägsten zusammengesetzten Wörter, die – wenn auch entfernt – mit dem Essen oder der Gesundheit zu tun haben, oder mit dem Leben schlechthin?

Hier ein paar Beispiele:

✖ **Semmelbröselhandverlesung** ✖ **Eierschalenzertrümmerer** ✖ **Brotkrümelsortierverein** ✖ **Pizzaschnittenbedarfsanforderungsschein** ✖ **Hochzeitstortenstaplerfahrer** ✖ **Freizeitversitzungsgesellschaft** ✖ **Mohnkörnerzählstelle** ✖ **Triefnasenputzhilfe** ✖ **Eierscheibenschneider**

Das originellste Wort wird gekürt für das Buchstabensuppen-Spiel (auf Seite 19 weiterzuspielen). Wir gratulieren im Voraus dem **Wortgewinn**.

Bauernregeln

Tragen die Schafe Sonnenhüte,
steh'n die Zwiebeln in
voller Blüte.

Liegt im Salbeibusch ein Hund,
bleibst du siebzig
Jahr' gesund.

Wächst im Garten Koriander,
bleiben wir immer beieinander.

Wenn die Maus nicht schlafen kann,
gib ihr Tee
mit Baldrian.

Ist dein Nervenkleid
zerschlissen,
ruh dich aus
und schlürf Melissen.

Welche Blüte und welches Blatt gehören zusammen?

Buch-staben-suppe

Jedem seine eigene Buchstabensuppe!

Hier ein paar Wörter zur Auswahl (außer ihr habt bei LPT schon andere ermittelt):
✖ **Hunderassenvermittlungsanstalt** ✖ **Donaudampfschifffahrtskapitän** ✖
✖ **Marienkäferbetupfungsverein** ✖ **Miezekatzencastingshow** ✖
✖ **Spaghettiwickelapparat** ✖ **Kirschkernweitspuckanlage** ✖
✖ **Knödelfresserwettbewerb** ✖ **Wutschaumwischtuch** ✖
✖ **Erdbeersahnetörtchenserviererin** ✖ **Räucherfischbudenrauchfang** ✖
✖ **Schminkköfferchentransportservice** ✖ **Megamadenmodehaus** ✖
✖ **Schmetterlingstanzvorführung Rettungsschwimmerpreisverleihung** ✖
✖ **Trinkhalmversteigerungsbüro** ✖ **Seehundforschungsgesellschaft** ✖
✖ **Wildwasserwahnsinn** ✖

Spielanleitung: Das Spiel eignet sich für 1 – 10 Person(en) – mehr oder weniger. Wähle einen der angegebenen Begriffe und fische so viele Wörter wie möglich heraus. Hier Beispiele für Worte, die in **Wildwasserwahnsinn** enthalten sind: abgesehen von wild und Wild, Wasser und Wahnsinn sind das –
✖ Wand ✖ Sinn ✖ Wahn ✖ Assel ✖ Sand ✖ sehr ✖ sein ✖ Wind ...

✖ Jedes Wort zählt einen Punkt. ✖ Bei jedem Wort mit mehr als 5 Buchstaben kommt ein Punkt dazu. ✖ Zusammengesetzte Worte werden mit je einem Extrapunkt belohnt.

Notfalls kann das Wortefischen auch zeitlich begrenzt werden, um den Schlaf in der Nacht zu sichern.

Blütenstände

Die Anordnung der Blüten auf dem Stiel – der Blütenstand also – ist wichtig zum Bestimmen einer Pflanze.

Bezeichnungen | Namen

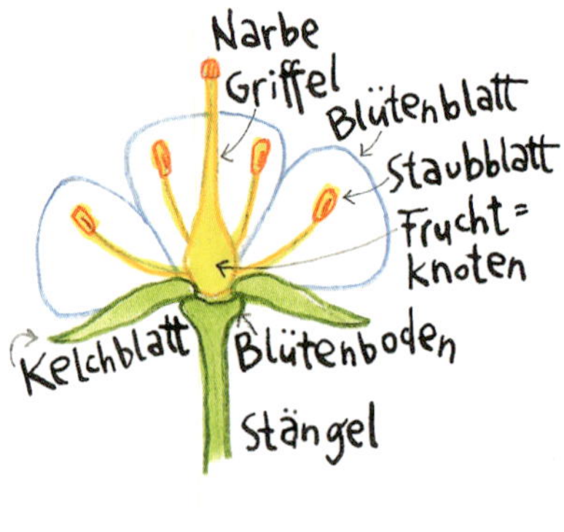

Die Blütenblätter sitzen auf einem **Blütenköpfchen** oder in einem **Blütenkörbchen**

So können **Blütenblätter** aussehen:

A
B

Blumenrätsel Wie heißen die Pflanzen?

Auflösung (von links oben nach rechts unten): 1 Königskerze | 2 Schwalbenwurz | 3 Geißbart | 4 Stechapfel | 5 Herzblatt | 6 Nachtkerze | 7 Gänseblümchen | 8 Schafgarbe

Buntes Blumenbrot

Die vielen essbaren Blüten der Kräuter (Schnittlauch, Kapuzinerkresse, Gänseblümchen, Salbei, Basilikum, Thymian…) erfrischen ab dem Frühling auf einem Butterbrot, vielleicht sogar mit selbst gebackenem Brot! Schmeckt auch gut mit Schnittlauch und Schnittlauchblüten! **Köstliche Variante:**

Sonniges Blütenbrot

Mit fein nudelig geschnittenen Kapuzinerkresse-Blättern. Auf jede Schnitte eine Kapuzinerkresse-Blüte legen.

Die Brotgewürze

Die drei traditionellen Brotgewürze **Anis**, **Fenchel** und **Kümmel** helfen, das Brot leichter zu verdauen und sie wirken auch gegen die Blähungen, die Gebackenes so gern verursacht.

Anis

Pimpinella anisum

Familie: Doldengewächse

Ich heiße auch: Brotsamen, Römischer Fenchel

Wo ich zu Hause bin: Anis stammt aus dem Vorderen Orient, wächst jedoch heute auch in allen Ländern rund ums Mittelmeer.

Besonders gut schmecke ich so:
Die 3 bis 5 mm langen getrockneten Samen werden bei uns zum Würzen von Brot und Kuchen verwendet, z.B. auch bei der Weihnachtsbäckerei (Anisbögen, Aniskekse). In der indischen Küche wird Anis zu Curries verwendet, in Bengalen zu Gemüse- und Fischgerichten. Die Samen sind antibakteriell, daher werden sie oft nach dem Essen gekaut.

Wofür ich gut bin: Anis stärkt den Magen, fördert die Verdauung und wirkt krampfstillend und schleimlösend bei Husten. Anistee hilft auch Babys bei Blähungen, bei Bauchgrimmen und bei Schluckauf.

Fenchel

Foeniculum vulgare

Familie: Doldengewächse

Ich heiße auch: Brotsamen, Gewürz- und Gartenfenchel

Wo ich zu Hause bin: Fenchel ist im Mittelmeerraum beheimatet und wird heute bei uns oft in Gärten angebaut. Vom Gewürzfenchel werden die Samen gewonnen. Andere Fenchel-Arten werden als Gemüse verwendet (Gemüsefenchel).

Besonders gut schmecke ich so:
Fenchel ist als Küchengewürz sehr beliebt. Er wird für Kuchen und Brot, für Suppen und Saucen verwendet, aber auch für Marinaden und Fischgerichte. Fenchelöl (aus den Samen) wird in der Süßwarenindustrie eingesetzt, z.B. für Hustenbonbons, und in der Pharmazie.

Wofür ich gut bin: Fenchel regt den Appetit an. Er hilft bei Husten und wirkt gegen Blähungen, auch bei Erwachsenen natürlich. Wegen seiner krampfstillenden Wirkung hilft er auch bei Koliken von Kleinkindern.

Kümmel *Carum carvi*

Familie: Doldengewächse

Ich heiße auch: **Brot-, Feld-, Matten- oder Wiesenkümmel, Kimm, Kömmel, Kumach**

Besonders gut schmecke ich so: in Kartoffelgerichten, zum Beispiel für Salzkartoffeln, unerlässlich beim traditionellen Schweinebraten, aber natürlich auch in Suppen und nicht zu vergessen im Brot!

Wofür ich gut bin: Kümmel löst Krämpfe, fördert die Verdauung und wirkt blähungstreibend. Wichtig ist Kümmel auch in der Frauenheilkunde: Er fördert nach Geburten die Muttermilch, ebenso wie Dill und Fenchel.

Alte Volksweisheit:
Bei Kümmelbrot und Kalmusstängel gedeiht der dümmste aller Bengel.

Einfaches Mischbrot

Dafür brauchst du: 250g Roggenmehl | 250g Weizen- oder Dinkelmehl | ein Päckchen Hefe | 1/2 bis 1 Teelöffel Salz | jeweils 1/2 Teelöffel Anis, Fenchel, Kümmel und Zucker | 3/8 Liter lauwarmes Wasser. Und so wird´s gemacht:

Du findest mich als Gewürz im Brot.
Ich schmecke sehr aromatisch.
Früher glaubte man, ich schütze – im Abendrot –
vor Hexen und Dämonen. Wie dramatisch!

Bärlauch *Allium ursinum* Familie: Liliengewächse

Ich heiße auch:
Hexenzwiebel, Waldknoblauch, wilder Knofel
Besonders gut schmecke ich so: Bärlauch ist die erste frische Kräuterpflanze im Frühling und wird in der Küche auf vielerlei Art verwendet, zum Beispiel unter den Spinat gemischt, als Bärlauch-Nockerl serviert oder als Pesto. **Wofür ich gut bin:** Bärlauch wirkt harntreibend, verdauungsanregend und stark desinfizierend.
VORSICHT: Bärlauchblätter dürfen nicht mit den giftigen Blättern von Maiglöckchen und von Herbstzeitlosen verwechselt werden! Oft wachsen Schneeglöckchen am gleichen Platz – ihre Blätter sind ebenfalls giftig! Unbedingt entfernen! WICHTIG beim Sammeln: Wenn die Blätter – beim Reiben zwischen den Fingern – nicht nach Knoblauch riechen, dann sind es auch keine Bärlauchblätter!

Du triffst mich im Laubwald in rauer Menge,
ist es feucht und schattig, gibt's schon mal ein Gedränge.
Ich blühe im Mai, habe weiße Blütensterne
– und rieche nach Knoblauch – schon aus der Ferne.

Bärlauch-Pesto

Du brauchst dafür: 100 g Bärlauch | 3 Esslöffel gehackte Walnüsse | 3 Esslöffel geriebener Parmesan | 1/8 Liter Olivenöl

Vor dem Servieren salzen! Schmeckt gut zu gekochten Nudeln!

Wie der Bärlauch zu seinem Namen kam

Wenn die alten Germanen auf der Bärenhaut lagen – und laut Tacitus taten sie nichts lieber als das – sahen sie, dass sich die jungen Bären nach dem Winterschlaf an ein stark knofelig riechendes Kraut hielten und davon stark und munter wurden. Nur zu!, Meister Petz!, dachten sie schmunzelnd, das gibt später gute Bärenfelle. Und fortan nannten sie das Kraut „Bärlauch" und baten ihre Frauen, zum Bärenfleisch auch Bärlauch zu servieren – ob als Gemüse, Salat oder Sauce (Pesto) ist leider nicht überliefert.

Die Liebe zum Bärlauch hat sich über Jahrhunderte erhalten und bis in die jüngste Gegenwart gerettet, was dazu führte, dass die Leute Bärlauchrezepte ohne Ende erfinden, austauschen, in Kochbüchern festhalten oder ins Netz stellen.

Vorsicht! Bringt man mit dem Bärlauch jedoch auch irrtümlich die giftigen Blätter von Maiglöckchen oder Herbstzeitlosen oder auch Schneeglöckchen mit nach Hause, dann könnte das daraus gemachte Pesto das Ende aller Nudelträume sein.

Denkspiele

AUGEntrost
Trostpflaster
Pflasterstein
Steinadler
AdlerAUGE

LÖWEnzahn
Zahnweh
Wehklagen
Klagemauer
Mauerblümchen
Blümchenstoff
StoffLÖWE

KÖNIGskerze
Kerzenlicht
Lichtquelle
Quellwasser
Wasserkuh
Kuhmilch
Milchschokolade
Schokoladenherz
HerzKÖNIG

Druckfehlerteufel

Wie heißen die Kräuter und Gewürze richtig?

✖ Möwenzahn ✖ Mauerampfer ✖ Metersilie ✖ Witzwegerich ✖ Tausendmuldenkraut ✖ Johannisbraut ✖ Brennkessel ✖ Silberkistel ✖ Lach, Holder! ✖ Muskatkuss ✖ Gewürz, welke!

Auflösung: Löwenzahn ✖ Sauerampfer ✖ Petersilie ✖ Spitzwegerich ✖ Tausendguldenkraut ✖ Johanniskraut ✖ Brennnessel ✖ Silberdistel ✖ Wacholder ✖ Muskatnuss ✖ Gewürznelke

Durst erinnert uns daran, dass wir regelmäßig trinken sollen, am besten Wasser, damit unsere Zellen sich bewegen, hin und her, hin und her. Und wenn wir genügend Flüssigkeit zu uns nehmen, bleiben wir so beweglich wie unsere Zellen.

Wilhelm Hauff

Zwerg Nase Märchen

Es war

In einer großen Stadt lebte vor vielen Jahren **ein Schuster mit seiner Frau** schlicht und recht. Er saß bei Tag an der Ecke der Straße und flickte Schuhe und Pantoffeln und machte wohl auch neue. Doch musste er dann das Leder erst einkaufen, denn er war arm und hatte keine Vorräte. Seine Frau verkaufte Gemüse und Früchte, die sie in einem kleinen Gärtchen vor dem Tore pflanzte, und viele Leute kauften gerne bei ihr, weil sie reinlich und sauber gekleidet war und ihr Gemüse auf gefällige Art auszubreiten wusste.

Die beiden hatten einen für das Alter von zwölf Jahren schon ziemlich großen und schönen Knaben. Er saß gewöhnlich bei der Mutter auf dem Gemüsemarkt und trug den Weibern und Köchen, die viel bei der Schustersfrau eingekauft hatten, einen Teil der Früchte nach Hause und selten kam er von einem solchen Gang zurück ohne eine schöne Blume oder ein Stückchen Geld oder Kuchen. Die Herrschaften dieser Köche sahen es gerne, wenn man **den schönen Knaben** mit nach Hause brachte, und beschenkten ihn immer reichlich.

Eines Tages saß die Frau des Schusters wieder wie gewöhnlich auf dem Markte. Sie hatte vor sich einige Körbe mit Kohl und anderem Gemüse, allerlei Kräutern und Samen, in einem kleineren Körbchen frühe Birnen, Äpfel und Marillen. Der kleine Jakob, so hieß der Knabe, saß neben ihr und rief mit heller Stimme die Waren aus: „Hierher, ihr Herren! Seht, welch schönen Kohl, wie wohlriechend diese Kräuter! Frühe Birnen, ihr Frauen, frühe Äpfel und Aprikosen! Wer kauft? Meine Mutter gibt es billig!" So rief der Knabe.

Da kam **ein altes Weib** über den Markt her. Sie sah etwas zerrissen

einmal

und zerlumpt aus, hatte ein kleines, spitzes Gesicht, vom Alter ganz eingefurcht, rote Augen und eine spitze, gebogene Nase, die gegen das Knie hinabstrebte. Sie ging an einem langen Stock, und doch konnte man nicht sagen, wie sie ging, denn sie hinkte und rutschte und wankte. Es war, als habe sie Räder in den Beinen und könne alle Augenblicke umstürzen und mit der spitzen Nase aufs Pflaster fallen.

Die Frau des Schusters betrachtete dieses Weib aufmerksam. Es waren jetzt doch schon sechzehn Jahre, dass sie täglich auf dem Markte saß, und nie hatte sie diese sonderbare Gestalt bemerkt. Sie erschrak unwillkürlich, als die Alte auf sie zuhinkte und vor ihren Körben stillstand.

„Seid Ihr Hanne, die Gemüsehändlerin?", fragte das alte Weib mit unangenehmer, krächzender Stimme, indem sie beständig den Kopf hin und her schüttelte. „Ja, die bin ich", antwortete die Schustersfrau, „ist Euch etwas gefällig?" „Wollen sehen, wollen sehen! **Kräutlein schauen, Kräutlein schauen,** ob du hast, was ich brauche", antwortete die Alte, beugte sich nieder vor den Körben und fuhr mit ein Paar hässlichen Händen in den Kräuterkorb hinein, packte die Kräutlein, die so schön und zierlich ausgebreitet waren. Mit ihren langen Spinnenfingern brachte sie dann eins um das andere hinauf an die lange Nase und beroch es hin und her.

Der Frau des Schusters wollte es fast das Herz abdrücken, wie sie das alte Weib mit ihren seltenen Kräutern hantieren sah. Aber sie wagte nichts zu sagen, denn es war das Recht des Käufers, die Ware zu prüfen, und überdies empfand sie ein sonderbares Grauen vor dem Weibe. Als jene den ganzen Korb durchgemustert hatte, murmelte sie: „Schlechtes Zeug, schlechtes Kraut, nichts von allem, was ich will. War viel besser vor fünfzig Jahren, schlechtes Zeug, schlechtes Zeug!"

Solche Reden verdrossen nun den kleinen Jakob. „Höre, du bist ein unverschämtes, altes Weib", rief er unmutig, „erst fährst du mit deinen garstigen, schmutzigen Fingern in die schönen Kräuter hinein und drückst sie zusammen, dann hältst du sie an deine lange Nase, dass sie niemand mehr kaufen mag, wer zugesehen, und jetzt schimpfst du noch unsere Ware schlechtes Zeug, und doch kauft selbst der Koch des Herzogs alles bei uns!"

Das alte Weib schielte den mutigen Knaben an, lachte widerlich und sprach mit heiserer Stimme: „Söhnchen, Söhnchen! Also **gefällt dir meine Nase,** meine schöne lange Nase? Sollst auch eine haben mitten im Gesicht bis übers Kinn herab." Während sie so sprach, rutschte sie an den andern Korb, in welchem Kohl ausgelegt war. Sie nahm die herrlichsten weißen Kohlhäupter in die Hand, drückte sie zusammen, dass sie ächzten, warf sie dann wieder unordentlich in den Korb und sprach auch hier: „Schlechte Ware, schlechter Kohl!"

Lies weiter auf Seite 34.

Eistee & andere Erfrischungen

Eistee selber machen? Nicht leichter als das! Du kannst eine Handvoll frische Kräuter aus dem Garten holen oder eine Mischung von gesammelten Wiesenkräutern zusammenstellen. Besonders gut als Eistee schmecken **Odermennig**, **Melisse** und **Ringelblume**.

Und so wird er gemacht: Du brühst einen Tee auf, lässt ihn auskühlen und stellst ihn in den Kühlschrank. Dann gibst du in jedes Glas vor dem Servieren ein paar von den hübschen Blüten- und Beeren-Eiswürfeln.

Dracula-Eistee

Du streust eine halbe Handvoll Odermennig in einen Glaskrug, gießt ihn mit heißem Wasser auf und lässt den Tee ziehen. Mit der Zeit wird sich der Tee blutrot färben!

Bären-Erfrischung

Du gießt in einem Glaskrug Himbeer-Dicksaft mit frischem Wasser auf und füllst ihn vor den Gästen in die Gläser, die du mit Beeren-Eiswürfeln bis zur Hälfte füllst.

Blüten- und Beeren-Eiswürfel

Zum perfekten Eistee passen Eiswürfel mit essbaren Blüten oder auch mit verschiedenen Beeren. Wichtig ist nur, dass du ein Gefrierfach im Kühlschrank haben musst oder einen Tiefkühlschrank.

Wie du sie ganz leicht selber machen kannst, siehst du hier:

A
B
C
D
E

+Leben+stärken+Lebensmittel+
•zerquetschen+verwertbar¿
Erdferkel+Kenner+Erdkeller

Essenswörter

+einkehren+strecken+kleckern@gesellig+
+meckern+schlecht?schlecken!!!

mit e

+zerbrechen+
+wegwerfen+
+empfehlen+
+verfressen+
+Ehe ¿ selig«

Angle dir fünf Wörter und erfinde eine Geschichte!

♔bereit+elegant+geerbt+bemerken×zubereiten+
+echt+Eierspeise∞engelsgleich×  ×Dessert+
bemerkenswert÷verderblich+schwer+einzigartig:
Emmentaler×Eberesche+eisenhaltig+Eisbecher«
×Beschwerden?Beeren+beehren+leer+Besteck×
+bestellt=essen+kennen+(Weg)Zehrung+Crème+
¿schlemmen+Erdferkel+Erbsen+einmalig#edel+
+erbsengrün+gern%Meeresfrüchte+fein!Teller+
schmecken+Kern+verbrennen+Schnecken+Speck
+gegeben+sehen+seltsam+sehr×Meer+fertig¡

„So **frisch** wie möglich!" ist die Devise. Das gilt für alles, auch für Kräuter, Obst und Gemüse. Einige der Kräuter eignen sich besonders dazu, frisch (also roh) verwendet zu werden: **Dill**, **Estragon**, **Kerbel**, **Kresse**, **Petersilie** (Seite 85) und **Schnittlauch**.

Dill

Anethum graveolens

Familie: Doldenblütler

Ich heiße auch: Gurkenkräutel, Kapernkraut

Wo ich zu Hause bin: Wächst in Südeuropa wild. Wird weltweit angebaut und verbreitet sich selbst durch Samen.

Besonders gut schmecke ich so: Als Würzpflanze bei Gurkensalat, zum Einlegen von Gurken, zu Kartoffeln und in Saucen.

Wofür ich gut bin: Als Tee aus Samen wird Dill als Hausmittel gegen Schlaflosigkeit und als Appetitanreger empfohlen. Den Babys gibt man Dillentee, wenn sie Bauchgrimmen und Blähungen plagen, da Dill auch krampflösend wirkt.

Estragon

Artemisia dracunculus

Familie: Korbblütler

Ich heiße auch: Dragonellikraut, Kaisersalat, Schlangenkraut

Wo ich zu Hause bin: Ursprünglich aus Ostrussland und aus der Mongolei, wächst Estragon in Südeuropa vielfach frei in der Natur. Bei uns wird er in Haus- und Gemüsegärten angebaut. Er liebt lockeren Boden und braucht viel Sonne. Was er überhaupt nicht mag, sind „nasse Füße".

Besonders gut schmecke ich so: In Kräutermischungen für Eiergerichte, Kräuterbutter und Salate.

Wofür ich gut bin: Estragontee regt Appetit und Verdauung an und wirkt auch harntreibend.

Estragonessig selber machen

Du brauchst: 1/2 Liter Apfelessig | 2 Zweiglein Estragon oder andere Kräuter

frisch

(Garten)-Kerbel

Anthriscus cerefolium

Familie: Doldengewächse

Ich heiße auch: Suppenkraut, Kücheng'würz, Körbelkraut

Wo ich zu Hause bin: Kerbel stammt aus Westasien und Südeuropa und kommt bei uns nur als Flüchtling aus Gärten frei in der Natur vor. Er liebt sonnige Plätze.

Besonders gut schmecke ich so: In der Küche wird Kerbel gern für Suppen verwendet, z.B. für Kerbel(rahm)suppe, Kartoffel-, Pilz- oder Tomatensuppe. Vorsicht: Kerbel NICHT mitkochen, weil sonst sein Aroma zerstört wird. Erst am Ende des Kochprozesses dazu geben oder drüberstreuen.

Wofür ich gut bin: Kerbel wirkt blutreinigend, harntreibend und entschlackend.

Schnittlauch

Allium schoenoprasum

Familie: Liliengewächse

Ich heiße auch: Schnittling, Graslauch, Binsenlauch

Wo ich zu Hause bin: Schnittlauch wird in ganz Europa, Mittelasien und Nordamerika angebaut, ist jedoch an sandigfeuchten Orten auch wildwachsend zu finden.

Besonders gut schmecke ich so: In der Küche wird Schnittlauch in Suppen, Salate und Eierspeisen gegeben. Fein gehackt schmeckt er auch wunderbar aufs Butterbrot!

Wofür ich gut bin: Schnittlauch regt Appetit und Verdauung an und wirkt blutreinigend. Alle Laucharten enthalten Senföle, diese sind antiseptisch, also desinfizierend.

Kresse

wächst sehr schnell, wird roh verwendet und schmeckt sehr gut auf Salat, Suppe und Butterbrot.

und weiter wie oben!

Lass es dir schmecken!

„Wackle nur nicht so garstig mit dem Kopf hin und her!“, rief der Kleine ängstlich. „Dein Hals ist ja so dünn wie ein Kohlstängel, der könnte leicht abbrechen, und dann fiele dein Kopf hinein in den Korb. Wer wollte dann noch kaufen!“

„Gefallen sie dir nicht, die dünnen Hälse?“, murmelte die Alte lachend. „Sollst gar keinen haben! Kopf muss in den Schultern stecken, dass er nicht herabfällt vom kleinen Körperlein!“

„Schwatzt doch nicht so unnützes Zeug mit dem Kleinen da“, sagte endlich die Frau des Schusters im Unmut über das lange Prüfen, Mustern und Beriechen, „wenn Ihr etwas kaufen wollt, so sputet Euch. Ihr verscheucht mir ja die anderen Kunden.“

„Gut, es sei, wie du sagst“, rief die Alte mit grimmigem Blick. „Ich will dir **diese sechs Kohlhäupter abkaufen**. Aber siehe, ich muss mich auf den Stab stützen und kann nichts tragen. Erlaube deinem Söhnlein, dass es mir die Ware nach Hause bringt, ich will es dafür belohnen.“

Der Kleine wollte nicht mitgehen und weinte. Denn ihm graute vor der hässlichen Frau, aber die Mutter befahl es ihm ernstlich, weil sie es doch für eine Sünde hielt, der alten, schwächlichen Frau diese Last allein aufzubürden. Halb weinend tat er, wie sie befohlen, raffte die Kohlhäupter in ein Tuch zusammen und folgte dem alten Weibe über den Markt hin.

Es ging nicht sehr schnell bei ihr. Sie brauchte beinahe drei Viertelstunden, bis sie in einen ganz entlegenen Teil der Stadt kam und endlich vor **einem kleinen, baufälligen Hause** stillhielt. Dort zog sie einen alten, rostigen Haken aus der Tasche, fuhr damit geschickt in ein kleines Loch in der Türe. Plötzlich sprang diese krachend auf. Aber wie war der kleine Jakob überrascht, als er eintrat! Das Innere des Hauses war prachtvoll ausgeschmückt: von Marmor waren die Decke und die Wände, die Gerätschaften vom schönsten Ebenholz, mit Gold und geschliffenen Steinen eingelegt, der Boden aber war von Glas und so glatt, dass der Kleine einige Mal ausglitt und umfiel. Die Alte aber zog ein **silbernes Pfeifchen** aus der Tasche pfiff eine Weise darauf, die gellend durch das Haus tönte. Da kamen sogleich einige Meerschweinchen die Treppe herab. Dem Jakob kam es aber ganz sonderbar vor, dass sie aufrecht auf zwei Beinen gingen, Nussschalen statt Schuhen an den Pfoten trugen, menschliche Kleider angelegt und sogar Hüte nach der neuesten Mode auf die Köpfe gesetzt hatten. **„Wo habt ihr meine Pantoffeln, schlechtes Gesindel?“**, rief die Alte und schlug mit dem Stock nach ihnen, dass sie jammernd in die Höhe sprangen. „Wie lange soll ich noch so dastehen?“

Sie sprangen schnell die Treppe hinauf und kamen wieder mit ein Paar Schalen von Kokosnuss, mit Leder gefüttert, welche sie der Alten geschickt an die Füße steckten.

Jetzt war alles Hinken und Rutschen vorbei. Sie warf den Stab von sich und glitt mit großer Schnelligkeit über den Glasboden hin, indem sie den

kleinen Jakob an der Hand mit fortzog. Endlich hielt sie in einem Zimmer stille, das, mit allerlei Gerätschaften ausgeputzt, beinahe einer Küche glich, obgleich die Tische von Mahagoniholz und die Sofas, mit reichen Teppichen behängt, mehr zu einem Prunkgemach passten. „Setze dich, Söhnchen", sagte die Alte recht freundlich, indem sie ihn in die Ecke eines Sofas drückte und einen Tisch also vor ihn hinstellte, dass er nicht mehr hervorkommen konnte. „Setze dich, du hast gar schwer zu tragen gehabt. Die Menschenköpfe sind nicht so leicht, nicht so leicht."

„Aber, Frau, was sprecht Ihr so wunderlich", rief der Kleine. „Müde bin ich zwar, aber es waren ja Kohlköpfe, die ich getragen, Ihr habt sie meiner Mutter abgekauft."

„Ei, das weißt du falsch", lachte das Weib, deckte den Deckel des Korbes auf und brachte einen Menschenkopf hervor, den sie am Schopf gefasst hatte. Der Kleine war vor Schrecken außer sich. Er konnte es nicht fassen, wie dies alles zuging. Aber er dachte an seine Mutter. Wenn jemand von diesen **Menschenköpfen** etwas erfahren würde, dachte er bei sich, da würde man gewiss meine Mutter dafür anklagen.

„Muss dir nun auch etwas geben zum Lohn, weil du so artig bist", murmelte die Alte, „gedulde dich nur ein Weilchen, **will dir ein Süppchen einbrocken**, an das du dein Leben lang denken wirst." So sprach sie und pfiff wieder. Da kamen zuerst viele Meerschweinchen in menschlichen Kleidern. Sie hatten Küchenschürzen umgebunden und im Gürtel Rührlöffel und Tranchiermesser. Nach diesen kam eine Menge Eichhörnchen hereingehüpft. Sie hatten weite türkische Beinkleider an, gingen aufrecht, und auf dem Kopf trugen sie grüne Mützchen von Samt. Diese schienen die Küchenjungen zu sein, denn sie kletterten mit großer Geschwindigkeit an den Wänden hinauf und brachten Pfannen und Schüsseln, Eier und Butter, Kräuter und Mehl herab und trugen es auf den Herd.

Dort aber fuhr die alte Frau auf ihren Pantoffeln von Kokosschalen beständig hin und her, und der Kleine sah, dass sie es sich recht angelegen sein lasse, ihm etwas Gutes zu kochen. Jetzt knisterte das Feuer höher empor, jetzt rauchte und sott es in der Pfanne, ein angenehmer Geruch verbreitete sich im Zimmer. Die Alte aber rannte auf und ab, die Eichhörnchen und Meerschweinchen ihr nach, und so oft sie am Herde vorbeikam, guckte sie mit ihrer langen Nase in den Topf. Endlich fing es an zu sprudeln und zu zischen, Dampf stieg aus dem Topf hervor, und der Schaum floss herab ins Feuer. Da nahm sie ihn weg, goss davon in eine silberne Schale und setzte sie dem kleinen Jakob vor.

„So, Söhnchen, so", sprach sie, „iss nur dieses Süppchen, dann hast du alles, was dir an mir so gefallen! Sollst auch ein geschickter Koch werden, dass du noch etwas bist. Aber das Kräutlein, nein, **das Kräutlein sollst du nimmer finden**. Warum hat es deine Mutter nicht in ihrem Korb gehabt?" Der Kleine verstand nicht recht, was sie sprach, desto aufmerksamer behandelte er die Suppe, die ihm ganz trefflich schmeckte. Seine Mutter hatte ihm so manche schmackhafte Speise bereitet, aber so gut war ihr noch nie etwas gelungen.

Lies weiter auf Seite 40.

Formensprache des Blattrandes

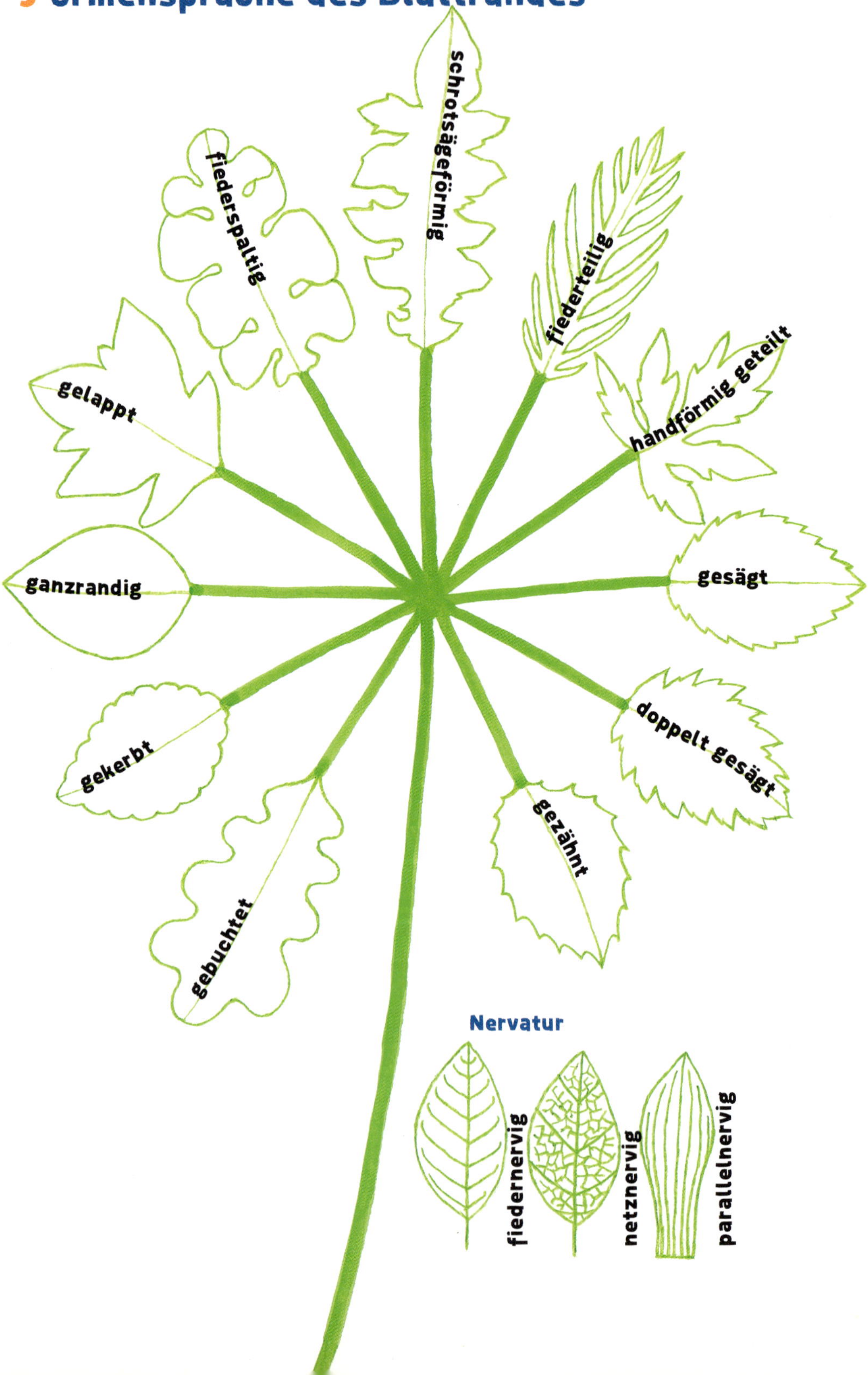

Formensprache der Blätter

Man unterscheidet einfache und gefiederte Blätter.

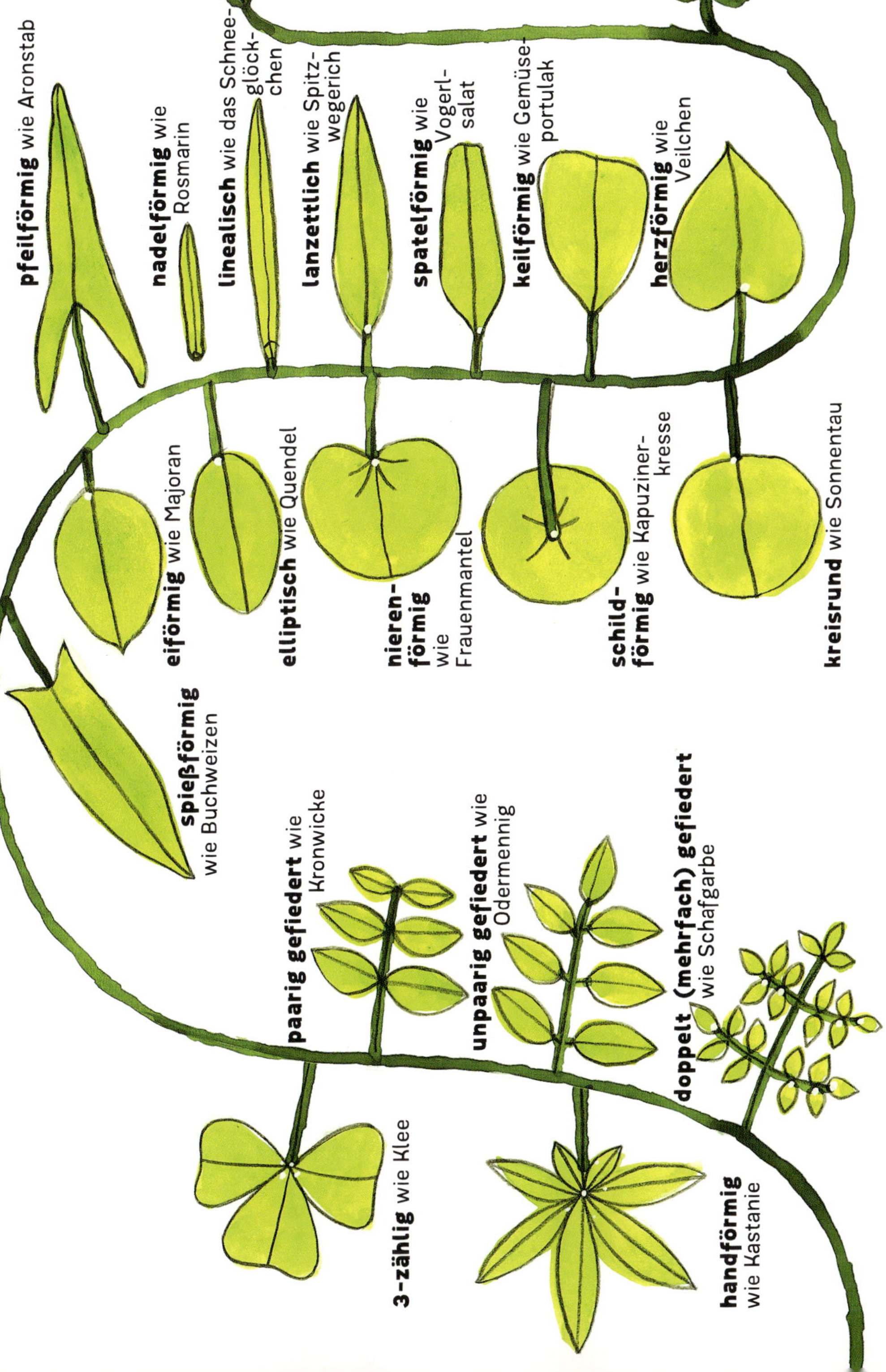

Kräuter für eine gute Nacht

Baldriantee wird mit Honig gesüßt getrunken. Nach einem Vollbad mit **Lavendel** wird die Nacht ein Traum! Eine Tasse **Melisse**ntee entspannt und wärmt, **Gänseblümchen** (Seite 45) dazugemischt lassen dich vertrauensvoll dem kommenden Tag entgegensehen. Manchmal genügt schon eine heiße Wärmflasche oder die Gesellschaft von Leo, dem Stofflöwen.

Baldrian

Valeriana officinalis

Familie: Baldriangewächse

Ich heiße auch: Augenwurz, Dreifuß, Hexenkraut, Katzenkraut

Wo ich zu Hause bin: in Gebüschen und auf Wiesen, auch höher gelegenen, in ganz Europa. Baldrian hat einen Wurzelstock mit hohem Stängel, die Blüten sind rosa bis zart purpurrötlich.

Wofür ich gut bin: als Tinktur gegen nervöse Störungen, Erschöpfung, geistige Überarbeitung und Schlaflosigkeit.

Unwiderstehlich für Katzen! Baldrianpflanzen einzäunen!

Melisse

Melissa officinalis

Familie: Lippenblütler

Ich heiße auch: Bienenfang, Bienensaug, Hasenohr, Herztrost, Nervenkräutel

Ihr Name leitet sich vom griechischen „melissa“ = Honigbiene ab.

Wo ich zu Hause bin: Die Melisse stammt aus dem Mittelmeerraum, wird aber heute auch bei uns angebaut. Sie liebt sonnige, windgeschützte Plätze und nicht zu trockenen Boden.

Besonders gut schmecke ich so: In der Küche wird sie gern als Würze von Salaten, Wildgerichten und Kräutersaucen verwendet. Auf Grund ihres zitronenähnlichen Duftes schmeckt Melissentee sehr gut.

Wofür ich gut bin: Melisse hilft gegen Müdigkeit und Abgespanntheit. Sie wirkt anregend bei Appetitmangel und beruhigend bei nervösen Magen- und Darmstörungen.

Lied nach der Melodie von „Oh du lieber Augustin“

Oh du lieber Baldrian, Baldrian, Baldrian,
oh du lieber Baldrian, all's ist vertan.
Schlaf ist weg. Katz ist weg.
Und der Hund frisst den Speck.
Oh du lieber Baldrian, all's ist vertan.

Gute Nacht

A B C D E F

Lavendel

Lavandula officinalis Familie: Lippenblütler

Wofür ich gut bin: Lavendel entspannt und beruhigt, zum Beispiel in einem Schlafkissen und wirkt auch als Badezusatz sehr entspannend – mit ein paar Tropfen ätherischem Öl oder als Absud. Mehr findest du auf Seite 61.

Besonders gut schmecke ich so: Ein wunderbares Dessert mit Lavendelblüten – Lavendelblütenjoghurt – und eventuell einem Tropfen Lavendelöl findest du hier zum Nachkochen.

Melissen- oder Lavendelöl

Lavendelblütenjoghurt

Du brauchst dafür:

1 Becher cremiges Joghurt
2 EL Honig
2 EL gehackte Walnüsse
1 EL Lavendelblüten

ein Paar Tropfen Lavendelöl ins heiße Badewasser

Ein paar Zweiglein vom Lavendel,
eingenäht in Stoff, mit Bändel,
und fertig ist ein kleines Duftkissen.
Glaub mir, ich möchte es nicht mehr missen.

Der Duft von feinen Kräutern und Gewürzen stieg aus der Suppe auf, dabei war sie süß und säuerlich zugleich und sehr stark. Während er noch die letzten Tropfen der köstlichen Speise austrank, zündeten die Meerschweinchen arabischen Weihrauch an, der in bläulichen Wolken durch das Zimmer schwebte. Dichter und immer dichter wurden diese Wolken und sanken herab, der Geruch des Weihrauchs wirkte betäubend auf den Kleinen, er mochte sich zurufen, so oft er wollte, dass er zu seiner Mutter zurückkehren müsse. Wenn er sich ermannte, sank er immer wieder von neuem in den **Schlummer** zurück und schlief endlich wirklich auf dem Sofa des alten Weibes ein.

Sonderbare Träume kamen über ihn. Es war ihm, als ziehe ihm die Alte seine Kleider aus und umhülle ihn dafür mit einem **Eichhörnchenbalg**. Jetzt konnte er Sprünge machen und klettern wie die Eichhörnchen. Er ging mit den übrigen Eichhörnchen und Meerschweinchen, die sehr artige, gesittete Leute waren, um und hatte mit ihnen den Dienst bei der alten Frau. Zuerst wurde er nur **zu den Diensten eines Schuhputzers** gebraucht, d.h. er musste die Kokosnüsse, welche die Frau statt der Pantoffeln trug, mit Öl salben und durch Reiben glänzend machen. Da er nun in seines Vaters Hause zu ähnlichen Geschäften oft angehalten worden war, so ging es ihm flink von der Hand. Etwa nach einem Jahre, träumte er weiter, wurde er zu einem feineren Geschäft gebraucht. Er musste nämlich mit noch einigen Eichhörnchen **Sonnenstäubchen fangen** und, wenn sie genug hatten, solche durch das feinste Haarsieb sieben. Die Frau hielt nämlich die Sonnenstäubchen für das Allerfeinste, weil sie nicht gut beißen konnte. Sie hatte keinen Zahn mehr, so ließ sie sich ihr Brot aus Sonnenstäubchen zubereiten.

Wiederum nach einem Jahre wurde er zu den Dienern versetzt, die das Trinkwasser für die Alte sammelten. Man denke nicht, dass sie sich hierzu etwa eine Zisterne hätte graben lassen oder ein Fass in den Hof stellte, um das Regenwasser darin aufzufangen. Da ging es viel feiner zu. Die Eichhörnchen, und Jakob mit ihnen, mussten mit Haselnussschalen den **Tau aus den Rosen schöpfen**, und das war das Trinkwasser der Alten. Da sie nun bedeutend viel trank, so hatten die Wasserträger schwere Arbeit.

Nach einem Jahr wurde er zum inneren Dienst des Hauses bestellt. Er hatte nämlich das Amt, **die Böden rein zu machen**. Da nun diese von Glas waren, worin man jeden Hauch sah, war das keine geringe Arbeit. Sie mussten sie bürsten und alte Tücher an die Füße schnallen und mit diesen künstlich im Zimmer umherfahren. Im vierten Jahre ward er endlich zur Küche versetzt.

Es war dies ein Ehrenamt, zu welchem man nur nach langer Prüfung gelangen konnte. Jakob diente dort **vom Küchenjungen aufwärts bis zum ersten Pastetenmacher** und erreichte eine so ungemeine Geschicklichkeit und Erfahrung in allem, was die Küche betrifft, dass er sich oft über sich selbst wundern musste. Die schwierigsten Sachen, Pasteten von zweihunderterlei Essenzen, Kräutersuppen von allen Kräutlein der Erde zusammengesetzt, alles lernte er, alles verstand er schnell und kräftig zu machen.

So waren etwa **sieben Jahre** im Dienste des alten Weibes vergangen, da befahl sie ihm eines Tages, indem sie die Kokosschuhe auszog, Korb und Krückenstock zur Hand nahm, um auszugehen, er sollte ein Hühnlein rupfen, mit Kräutern füllen und solches schön bräunlich und gelb rösten, bis sie wiederkäme. Er tat dies nach den Regeln der Kunst. Er drehte dem Hühnlein den Kragen um, brühte es in heißem Wasser, zog ihm geschickt die Federn aus, schabte ihm nachher die Haut, dass sie glatt und fein wurde, und nahm ihm die Eingeweide heraus. Sodann fing er an, die Kräuter zu sammeln, womit er das Hühnlein füllen sollte. In der Kräuterkammer gewahrte er aber diesmal ein Wandschränkchen, dessen Türe halb geöffnet war und das er sonst nie bemerkt hatte. Er ging neugierig näher, um zu sehen, was es enthalte, und siehe da, es standen viele Körbchen darinnen, von welchen ein starker, angenehmer Geruch ausging. Er öffnete eines dieser Körbchen und fand darin Kräutlein von ganz besonderer Gestalt und Farbe. **Die Stängel und Blätter waren blaugrün und trugen oben eine kleine Blume von brennendem Rot, mit Gelb verbrämt.** Er betrachtete sinnend diese Blume, beroch sie, und sie strömte denselben Geruch aus, vonn dem einst jene Suppe, die ihm die Alte gekocht, geduftet hatte. Aber so stark war der Geruch, dass er zu niesen anfing, immer heftiger niesen musste und – am Ende niesend erwachte.

Da lag er auf dem Sofa des alten Weibes und blickte verwundert umher. „Nein, wie man aber so lebhaft träumen kann!", sprach er zu sich, „hätte ich jetzt doch schwören wollen, dass ich ein schnödes Eichhörnchen, ein Kamerad von Meerschweinchen und anderem Ungeziefer, dabei aber ein großer Koch geworden sei. Wie wird die Mutter lachen, wenn ich ihr alles erzähle! Aber wird sie nicht auch schelten, dass ich in einem fremden Hause einschlafe, statt ihr zu helfen auf dem Markte?" Mit diesen Gedanken raffte er sich auf, um hinwegzugehen. Noch waren seine Glieder vom Schlafe ganz steif, besonders sein Nacken, denn er konnte den Kopf nicht recht hin und her bewegen.
Er musste auch selbst über sich lächeln, dass er so schlaftrunken war. Denn alle Augenblicke, ehe er es sich versah, **stieß er mit der Nase an einen Schrank** oder an die Wand oder schlug sie, wenn er sich schnell umwandte, an einen Türpfosten. Die Eichhörnchen und Meerschweinchen liefen winselnd um ihn her, als wollten sie ihn begleiten, er lud sie auch wirklich ein, als er auf der Schwelle war, denn es waren niedliche Tierchen. Aber sie fuhren auf ihren Nussschalen schnell ins Haus zurück, und er hörte sie nur noch in der Ferne heulen.

Lies weiter auf Seite 46.

Viele Kräuter kann man sehr gut selbst anbauen, im Kräuterbeet, im Garten oder im Blumentopf auf der Fensterbank. Auf jeden Fall wollen sie alle im Freien gedeihen, an der frischen Luft. Es gibt zwei Arten, Pflanzen zu vermehren, das sind:
Generative Vermehrung und **vegetative Vermehrung.**

Generative Vermehrung bedeutet, dass viele Generationen von Pflanzen aus Samen gezogen werden. Darunter sind auch einjährige oder zweijährige Kräuter wie Petersilie und Kümmel, Ringelblume und Königskerze. In der Natur säen sie sich selber aus und verbreiten sich unter für sie idealen Bedingungen ziemlich stark.

Vegetative Vermehrung ist die Vermehrung durch Pflanzenteile. Das können Triebe sein wie bei der Erdbeere, Wurzelstücke oder Rhizome wie beim Ingwer oder ganze Pflanzenbüschel, die durchs Teilen wieder zum Wachsen angeregt werden wie bei Schnittlauch oder Majoran. Die neu gepflanzten Kräuter wollen gegossen werden! Und am Anfang sollten sie auch ein bisschen betreut werden, dann gedeihen sie gut.

A
B
C
D
E
F
G

Ein **Garten** beschenkt uns mit allem, was uns schmeckt. Manchmal fordert er aber auch unsere Geduld, wenn wir darauf warten, dass etwas ausreift, und unsere Muskelkraft, wenn wir säen und ernten.

Und so kannst du es selbst machen:

Die Samen werden in einen Blumentopf gestreut, aber nur wenige, damit sie beim Wachsen genug Platz haben. Dann werden sie mit Erde bedeckt, an einen hellen Ort gestellt und gut feucht gehalten, bis sie zu keimen beginnen.

Wenn du wissen willst, wie die **Keimung** vor sich geht und wie die Vorgänge aussehen, dann kannst du Erbsen oder Linsen beim Keimen beobachten, ohne dass sie sich in der Erde verstecken.

Im Wasserglas gezogen siehst du alles ganz genau:

Geht´s gut?

Pflanzen fürs Gemüt

Wir haben zwei einheimische Kräuter, mit denen die Sonne aufgeht und die Zuversicht zurückkehrt. Dass man die Prüfung schafft zum Beispiel und mit den anderen mithalten kann. So wunderbare Kräuter dürfen wir uns nicht entgehen lassen! Mit ihnen brauen wir uns einen Glückstee.

Im Winter nehmen wir das **Johanniskraut**. Es macht die Haut lichtempfindlich, deshalb verwenden wir es, wenn keine Gefahr auf Sonenbrand besteht! Im Sommer ist in unserem Glückstee das **Gänseblümchen**, das ja wirklich überall zu finden ist.

Johanniskraut

Hypericum perforatum

Familie: Johanniskrautgewächse

Ich heiße auch:
Wild Gartheil, Jageteufel, Teufelsflucht, Löcherkraut, Tüpfel-Hartheu

Wo ich zu Hause bin: Johanniskraut wächst auf Waldschlägen, Waldrändern, sonnigen Heiden und Grasflecken, gleichgültig ob Urgesteins- oder Kalkböden.

Besonders gut schmecke ich so: Blüten und Blätter schmecken wunderbar im Tee und schauen überdies hübsch aus.

Wofür ich gut bin: Seine wundheilenden und entzündungshemmenden Eigenschaften machen das Johanniskraut zu einem beliebten Mittel zur Narbenpflege (als Öl). Es wirkt gemütsaufhellend und blutreinigend. Weiters wird Johanniskraut als Hautpflegemittel bei trockener Haut verwendet. Johanniskraut hilft als Tee oder Saft auch bei Stoffwechselstörungen, Kopfschmerzen und Migräne.

Hältst du ein Blatt gegen die Sonne, dann siehst du die vielen Löcher – das sind Öldrüsen – und daher auch der Name Hypericum **perforatum** (= durchlöchert)

Gänseblümchen

Bellis perennis

Familie: Korbblütler

Ich heiße auch: **Angerbleamerl, Busserl, Tausendschön, Katzenblume**

Wo ich zu Hause bin: Gänseblümchen wachsen auf allen Wiesen und Grasflecken.

Besonders gut schmecke ich so: Die frischen Blätter und die Blüten schmecken vorzüglich im Salat. Die essbaren Blüten eignen sich sehr gut zum Dekorieren von Salaten und Suppen. Und den Tee kann man als Glückstee trinken!

Wofür ich gut bin: Gänseblümchen sind ein gutes Wundkraut; wirken schmerz-, krampf- und blutstillend und werden als Salbe gegen Gliederschmerzen, Prellungen und Hauterkrankungen eingesetzt. Sie regen auch den Stoffwechsel an.

Gänseblümchensalat

mit hart gekochten Eiern

3 Handvoll Blattsalat (grüner Salat, Eichblattsalat, Vogerlsalat ...) | 1 kleine Handvoll Gänseblümchen (Blüten und Knospen) | 5 Radieschen mit frischem Grün | 2 Frühlingszwiebeln oder 1 halbe kleine Zwiebel | 3 EL Essig | 3 EL Oliven- oder Sonnenblumenöl | 1 TL Honig | Salz | Pfeffer | 2 hart gekochte Eier | 3 EL geschälte Sonnenblumenkerne

Es war ein ziemlich entlegener Teil der Stadt, wohin ihn die Alte geführt hatte, und er konnte kaum aus den engen Gassen herausfinden, auch war dort ein großes Gedränge. Denn es musste sich, wie ihm dünkte, gerade in der Nähe ein Zwerg sehen lassen. Überall hörte er rufen: „Ei, seht den hässlichen Zwerg! **Wo kommt der Zwerg her?** Ei, was hat er doch für eine lange Nase, und wie ihm der Kopf in den Schultern steckt, und die braunen, hässlichen Hände!" Zu einer andern Zeit wäre wohl auch er nachgelaufen, denn er sah für sein Leben gern Riesen oder Zwerge oder seltsame fremde Trachten, aber er musste sich sputen, um zur Mutter zu kommen.

Es war ihm ganz ängstlich zumute, als er auf den Markt kam. **Die Mutter** saß noch da und hatte noch ziemlich viele Früchte im Korb, lange konnte er also nicht geschlafen haben. Aber doch kam es ihm von weitem schon vor, als sei sie sehr traurig. Denn sie rief die Vorübergehenden nicht an, einzukaufen, sondern hatte den Kopf in die Hand gestützt, und als er näher kam, glaubte er auch, sie sei bleicher als sonst. Er zauderte, was er tun sollte. Endlich fasste er sich ein Herz, schlich sich hinter sie hin, legte traulich seine Hand auf ihren Arm und sprach: „Mütterchen, was fehlt dir? Bist du böse auf mich?"

Die Frau wandte sich um nach ihm, fuhr aber mit einem Schrei des Entsetzens zurück. „Was willst du von mir, hässlicher Zwerg?", rief sie. „Fort, fort! Ich kann dergleichen Possenspiele nicht leiden."

„Aber, Mutter, was hast du denn?", fragte Jakob ganz erschrocken. „Dir ist gewiss nicht wohl. Warum willst du denn deinen Sohn von dir jagen?"

„Ich habe dir schon gesagt, gehe deines Weges!", entgegnete Frau Hanne zürnend. „Bei mir verdienst du kein Geld durch deine Gaukeleien, hässliche Missgeburt!"

„Wahrhaftig, Gott hat ihr das Licht des Verstandes geraubt!", sprach der Kleine bekümmert zu sich. „Was fange ich nur an, um sie nach Hause zu bringen? Lieb Mütterchen, so sei doch nur vernünftig. Sieh mich doch nur recht an. Ich bin ja dein Sohn, dein Jakob."

„Nein, jetzt wird mir der Spaß zu unverschämt", rief Hanne ihrer Nachbarin zu, „seht nur den hässlichen Zwerg da! Da steht er und vertreibt mir gewiss alle Käufer, und mit meinem Unglück wagt er zu spotten. Spricht zu mir: Ich bin ja dein Sohn, dein Jakob! Der Unverschämte!"

Da erhoben sich die Nachbarinnen und fingen an zu schimpfen, so arg sie konnten – und Marktweiber, wisst ihr, verstehen es – und schalten ihn, dass er des Unglücks der armen Hanne spotte, der vor sieben Jahren ihr bildschöner Knabe gestohlen worden sei, und drohten, insgesamt über ihn herzufallen und ihn zu zerkratzen, wenn er nicht alsobald ginge.

Der arme Jakob wusste nicht, was er von alledem denken sollte. War er doch, wie er glaubte, heute früh wie gewöhnlich mit der Mutter auf den Markt gegangen, hatte ihr die Früchte aufstellen geholfen, war nachher mit dem alten Weib in ihr Haus gekommen, hatte **ein Süppchen verzehrt, ein kleines Schläfchen gemacht und war jetzt wieder da,** und doch sprachen die Mutter und die Nachbarinnen von sieben Jahren! Und sie nannten ihn einen garstigen Zwerg! Was war denn nun mit ihm vorgegangen? – Als er sah, dass die Mutter gar nichts mehr von ihm hören wollte, traten ihm die Tränen in die Augen, und er ging trauernd die Straße hinab nach der Bude, wo sein Vater den Tag über die Schuhe flickte. „Ich will doch sehen", dachte er bei sich, „ob er mich auch nicht kennen will, unter die Tür will ich mich stellen und mit ihm sprechen."

Als er an der Bude des Schusters angekommen war, stellte er sich unter die Türe und schaute hinein. Der Meister war so emsig mit seiner Arbeit beschäftigt, dass er ihn gar nicht sah. Als er aber zufällig einen Blick nach der Türe warf, ließ er Schuhe, Draht und Pfriem auf die Erde fallen und rief mit Entsetzen: „Um Gottes willen, was ist das, was ist das!"

„Guten Abend, Meister!", sprach der Kleine, indem er vollends in den Laden trat. „Wie geht es Euch?"

„Schlecht, schlecht, kleiner Herr!", antwortete **der Vater** zu Jakobs großer Verwunderung, denn er schien ihn auch nicht zu kennen. „Das Geschäft will mir nicht von der Hand. Bin so allein und werde jetzt alt, doch ist mir ein Geselle zu teuer."

„Aber habt Ihr denn kein Söhnlein, das Euch nach und nach an die Hand gehen könnte bei der Arbeit?", forschte der Kleine weiter.

„Ich hatte einen Sohn, er hieß Jakob und müsste jetzt ein schlanker, gewandter Bursche von zwanzig Jahren sein, der mir tüchtig unter die Arme greifen könnte. Ha, das müsste ein Leben sein! Schon als er zwölf Jahre alt war, zeigte er sich so anstellig und geschickt und verstand schon manches vom Handwerk, und hübsch und angenehm war er auch. Der hätte mir eine Kundschaft angelockt, dass ich bald nicht mehr geflickt, sondern nichts als Neues geliefert hätte! Aber so geht's in der Welt!"

„Wo ist denn aber Euer Sohn?", fragte Jakob mit zitternder Stimme seinen Vater.

„Das weiß Gott", antwortete er, „vor sieben Jahren, ja, so lange ist's jetzt her, wurde er uns vom Markte weg gestohlen."

„Vor sieben Jahren!", rief Jakob mit Entsetzen.

„Ja, kleiner Herr, vor sieben Jahren. Ich weiß es noch wie heute, wie mein Weib nach Hause kam, heulend und schreiend, das Kind sei den ganzen Tag nicht zurückgekommen, sie habe überall geforscht und gesucht und es nicht gefunden. Ich habe es immer gedacht und gesagt, dass es so kommen würde. Der Jakob war ein schönes Kind, das muss man sagen. Da war meine Frau stolz auf ihn und sah es gerne, wenn ihn die Leute lobten, und schickte ihn oft mit Gemüse und dergleichen in vornehme Häuser. Das war schon recht. Er wurde allemal reichlich beschenkt. ‚Aber', sagte ich, ‚gib acht! Die Stadt ist groß. Viele schlechte Leute wohnen da, gib mir auf den Jakob acht!' Und so war es, wie ich sagte. Kommt einmal ein altes, hässliches Weib auf den Markt, feilscht um Früchte und Gemüse und kauft am Ende so viel, dass sie es nicht selbst tragen kann. Mein Weib, die mitleidige Seele, gibt ihr den Jungen mit und - hat ihn zur Stunde nicht mehr gesehen."

Lies weiter auf Seite 52.

Die Hustenbekämpfer

Vorbeugend trinkt man Tee aus den antibakteriellen Kräutern **Spitzwegerich** und **Thymian**; wenn es schon im Hals kitzelt **Eibisch** und **Fenchel** (Seite 22), und wenn man schon einen bellenden Husten hat: drei Tage lang **Huflattich**tee und, sobald sich der Schleim gelöst hat, 14 Tage lang zur Ausheilung einen der anderen Hustenbekämpfertees. Auch **Zwiebel**saft (Seite 91) hilft!

Eibisch

Althaea officinalis

Familie: Malvengewächse

Ich heiße auch: Heilwurz, Ibisch, alte Eh, Samtpappel, Hilfwurz

Wo ich zu Hause bin: Eibisch ist in Südeuropa heimisch und wird bei uns gerne in Bauerngärten gepflanzt. Er liebt feuchten Boden und kommt in der Nähe von sonnigen Waldrändern oft verwildert vor.

Wofür ich gut bin: Eibisch ist ein ausgezeichnetes Heilkraut. Er wirkt reizmildernd und schmerzstillend. Eibisch wird als Tee und/oder Sirup bei Reizhusten, Heiserkeit und Bronchitis empfohlen, weiters auch als Gurgelwasser (zusammen mit Salbei) bei Mundschleimhautentzündungen und als Auflage bei Entzündungen, zum Beispiel mit einem Wattebausch bei Nagelbettentzündungen. Er wird bei tiefsitzendem Husten drei Tage lang getrunken, sobald der Schleim gelöst ist, wird zu anderen Tees und Säften übergegangen. ACHTUNG: der Wurzeltee muss kalt (über Nacht) angesetzt werden! Abseihen, wärmen und tagsüber mit Honig gesüßt schluckweise trinken. Eibisch stimuliert möglicherweise auch das Immunsystem.

Huflattich

Tussilago farfara

Familie: Kreuzblütler

Ich heiße auch: Bachblümlein, Märzblume, Sommertürl, Fohlenfuß

Wo ich zu Hause bin: Huflattich liebt feuchte, lehmige Böden, gedeiht vorwiegend auf Böschungen und braucht viel Sonne. Er ist ein Kalkanzeiger.

Wofür ich gut bin: Der lateinische Name leitet sich von „tussis" ab, was „Husten" bedeutet. Wegen seiner entzündungshemmenden und schleimlösenden Eigenschaften hilft Huflattich (als Tee) bei Erkältungen, Bronchitis und Fieber. Er wirkt auch blutreinigend. HINWEIS: Die riesengroßen Blätter der Pest- wurz werden oft für Huflattichblätter gehalten, die aber viel kleiner sind. Unterscheiden kann man die beiden so: Die pelzige Blattunterseite lässt sich bei Huflattich abreiben, bei der Pestwurz nicht!

Spitzwegerich
Plantago lanceolata

Familie: Wegerichgewächse

Ich heiße auch: Heufressa, Hundsrippen, Lungenblattl, Schafzunge

Wo ich zu Hause bin: Spitzwegerich ist in Europa und Asien auf Wiesen und Wegrändern anzutreffen, von der Ebene bis in die Almregionen.

Wofür ich gut bin: Spitzwegerich gilt als Heilpflanze gegen alle Erkrankungen der Atmungsorgane, weiters auch als Wundkraut: Frische Blätter werden auf kleine Wunden und auch auf Insektenstiche gelegt. Der Saft wirkt antibakteriell und zusammenziehend.

SPITZWEG, Erich
Spitz weg, Erich!
Spitz weg? Er? Ich?
Spitzwegerich.

Und so helfen Spitzwegerichblätter bei **Insektenstichen**:

Thymian
Thymus vulgaris

Familie: Lippenblütler

Ich heiße auch: Spanisches Kudelkraut, Römischer oder welscher Quendel, Gartenthymian

Wo ich zu Hause bin: Thymian stammt aus dem Mittelmeerraum und ist auch in unseren Breiten heimisch geworden. Er liebt frostfreie Lagen. Sein Name wird vom griechischen „thymos“ = Kraft, Mut abgeleitet und weist auf die kräftige, stimulierende Wirkung des Gewürzes hin.

Besonders gut schmecke ich so: Thymian wird wegen seiner verdauungsfördernden Eigenschaften in der Küche gern zu Rinds- und Wildbraten, Geflügel und Fisch beigegeben, aber auch zu Hülsenfrüchten. Wird auch als Zutat für Marinaden und Kräuteressig verwendet.

Wofür ich gut bin: Thymiantee ist bei allen Erkrankungen der Luftwege, auch bei Husten, sowie bei Magen- und Darmstörungen zu empfehlen. Thymianöl wird in Hustenmitteln und bei der Herstellung von Mundwasser und Zahnpasta verwendet.

Was eine **Hand** alles kann:

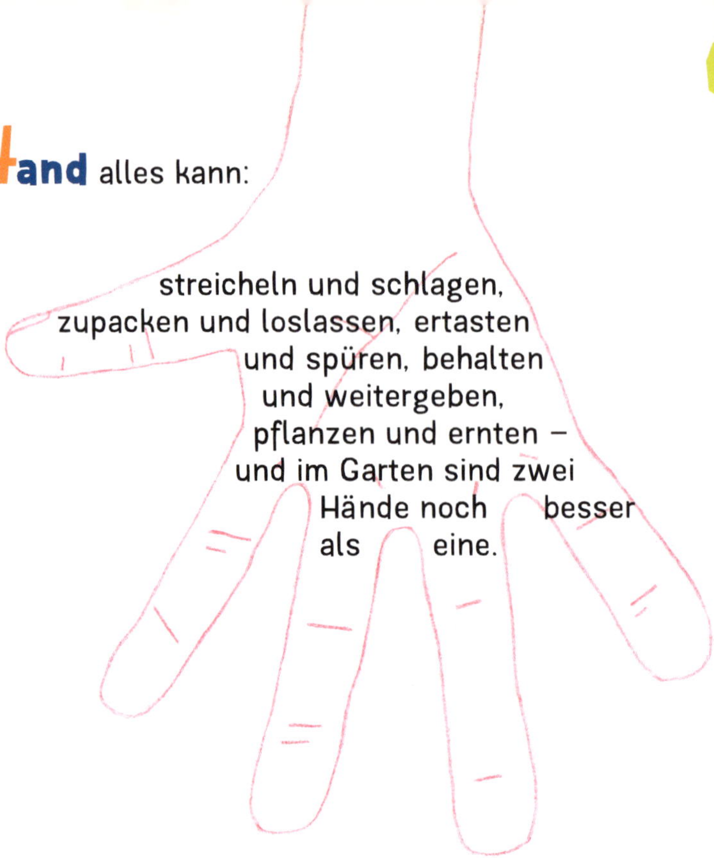

streicheln und schlagen,
zupacken und loslassen, ertasten
und spüren, behalten
und weitergeben,
pflanzen und ernten –
und im Garten sind zwei
Hände noch besser
als eine.

Hilferufe

Hilfe!

Help! englisch

Aiuto! italienisch

Au secours! französisch

Socorro! spanisch

Segitség! ungarisch („schägitscheek" ausgesprochen)

Ich und du

Ich muss oft niesen, du jedoch nie.
Ich heiße Christoph, und du heißt Marie.
Du magst nur Katzen, ich mag lieber Hunde.
Du bleibst zuhaus, ich fahr noch eine Runde.
Mir wird schnell kalt, dir ist immer warm.
Ich nehm dich ernst, du nimmst mich auf den Arm.
Ich flieg bald nach London und du nach Berlin.
Du wünscht dir ein Pferd, ich nen Pinguin.
Ich lese gern Krimis und du liest Gedichte.
Du spielst gern Prinzessin, ich Bösewichte.

Wer frisst die leckersten Schnecken?
Wer schnieft und schnauft nachts durch Hecken?
Wer rollt sich zusammen bei Gefahr?
Wer hält seinen Winterschlaf bis zum Frühjahr?

Unser stacheliger Freund, der **Igel**

„Und das ist jetzt sieben Jahre her, sagt Ihr?“
„Sieben Jahre wird es im Frühling. Wir ließen ihn ausrufen, wir gingen von Haus zu Haus und fragten. Manche hatten den hübschen Jungen gekannt und lieb gewonnen und suchten jetzt mit uns, alles vergeblich. Auch die Frau, welche das Gemüse gekauft hatte, wollte niemand kennen, aber ein steinaltes Weib, das schon neunzig Jahre gelebt hatte, sagte, es könne wohl die böse Fee Kräuterweis gewesen sein, die alle fünfzig Jahre einmal in die Stadt komme, um sich allerlei einzukaufen.“

So sprach Jakobs Vater und klopfte dabei seine Schuhe weidlich und zog den Draht mit beiden Fäusten weit hinaus. Dem Kleinen aber wurde es nach und nach klar, was mit ihm vorgegangen, dass er nämlich nicht geträumt, sondern dass er **sieben Jahre bei der bösen Fee als Eichhörnchen** gedient hatte. Zorn und Gram erfüllten sein Herz so sehr, dass es beinahe zerspringen wollte. Sieben Jahre seiner Jugend hatte ihm die Alte gestohlen, und was hatte er für Ersatz dafür? Dass er Pantoffeln von Kokosnüssen blank putzen, dass er ein Zimmer mit gläsernem Fußboden rein machen konnte? Dass er von den Meerschweinchen alle Geheimnisse der Küche gelernt hatte? Er stand eine gute Weile so da und dachte über sein Schicksal nach.

Da fragte ihn endlich sein Vater: „Ist Euch vielleicht etwas von meiner Arbeit gefällig, junger Herr? Etwa ein Paar neue Pantoffeln oder“, setzte er lächelnd hinzu, „vielleicht ein Futteral für Eure Nase?“

„Was wollt Ihr nur mit meiner Nase?“, fragte Jakob. „Warum sollte ich ein Futteral dazu brauchen?“

„Nun“, entgegnete der Schuster, „jeder nach seinem Geschmack. Aber das muss ich Euch sagen: Hätte ich diese schreckliche Nase, ein Futteral ließe ich mir darüber machen von rosenfarbigem Glanzleder. Schaut, da habe ich ein schönes Stückchen zur Hand. Freilich würde man eine Elle wenigstens dazu brauchen. Aber wie gut wärt Ihr verwahrt, kleiner Herr. So, weiß ich gewiss, stoßt Ihr euch an jedem Türpfosten, an jedem Wagen, dem Ihr ausweichen wollt.“

Der Kleine stand stumm vor Schrecken. Er betastete seine Nase. Sie war dick und wohl zwei Hände lang! So hatte also die Alte auch seine Gestalt verwandelt! Darum kannte ihn also die Mutter nicht? Darum schalt man ihn einen hässlichen Zwerg!

„Meister!“, sprach er halb weinend zu dem Schuster. „Habt Ihr keinen **Spiegel** bei der Hand, worin ich mich beschauen könnte?“

„Junger Herr“, erwiderte der Vater mit Ernst, „Ihr habt nicht gerade eine Gestalt empfangen, die Euch eitel machen könnte und Ihr habt nicht Ursache, alle Stunden in den Spiegel zu gucken. Gewöhnt es Euch ab. Es ist besonders bei euch eine lächerliche Gewohnheit.“

„Ach, so lasst mich doch in den Spiegel schauen“, rief der Kleine, „gewiss, es ist nicht aus Eitelkeit!“

„Lasst mich in Ruhe, ich hab

keinen im Vermögen. Meine Frau hat ein Spiegelchen, ich weiß aber nicht, wo sie es verborgen hat. Müsst Ihr aber durchaus in den Spiegel gucken, nun, über der Straße hin wohnt Urban, der Barbier, der hat einen Spiegel, zweimal so groß als Euer Kopf. Guckt dort hinein, und indessen guten Morgen!"

Mit diesen Worten schob ihn der Vater ganz gelinde zur Bude hinaus, schloss die Tür hinter ihm zu und setzte sich wieder zur Arbeit. Der Kleine aber ging sehr niedergeschlagen über die Straße zu Urban, dem Barbier, den er noch aus früheren Zeiten wohl kannte.

„Guten Morgen, Urban", sprach er zu ihm, „ich komme, Euch um eine Gefälligkeit zu bitten. Seid so gut und lasst mich ein wenig in Euren Spiegel schauen!"

„Mit Vergnügen, dort steht er", rief der Barbier lachend, und seine Kunden, denen er den Bart scheren sollte, lachten weidlich mit. „Ihr seid ein hübsches Bürschchen, schlank und fein, ein Hälschen wie ein Schwan, Händchen wie eine Königin, und ein Stumpfnäschen, man kann es nicht schöner sehen. Ein wenig eitel seid Ihr darauf, das ist wahr. Aber beschaut Euch immer! Man soll nicht von mir sagen, ich habe Euch aus Neid nicht in meinen Spiegel schauen lassen."

So sprach der Barbier, und **wieherndes Gelächter füllte die Baderstube.** Der Kleine aber war indes vor den Spiegel getreten und hatte sich beschaut. Tränen traten ihm in die Augen. „Ja, so konntest du freilich deinen Jakob nicht wiedererkennen, liebe Mutter", sprach er zu sich, „so war er nicht anzuschauen in den Tagen der Freude, wo du gerne mit ihm prangtest vor den Leuten!" Seine Augen waren klein geworden wie die der Schweine, seine Nase war ungeheuer und hing über Mund und Kinn herunter, der Hals schien gänzlich weggenommen worden zu sein. Denn sein Kopf stak tief in den Schultern, und nur mit den größten Schmerzen konnte er ihn nach rechts und links bewegen. Sein Körper war noch so groß als vor sieben Jahren, da er zwölf Jahre alt war. Aber wenn andere vom zwölften bis ins zwanzigste Jahr in die Höhe wachsen, so wuchs er in die Breite, der Rücken und die Brust waren weit ausgebogen und waren anzusehen wie ein kleiner, aber sehr dick gefüllter Sack. Dieser dicke Oberleib saß auf kleinen, schwachen Beinchen, die dieser Last nicht gewachsen schienen, aber umso größer waren die Arme, die ihm am Leib herabhingen, sie hatten die Größe wie die eines wohlgewachsenen Mannes, seine Hände waren grob und braungelb, seine Finger lang und spinnenartig, und wenn er sie recht ausstreckte, konnte er damit auf den Boden reichen, ohne dass er sich bückte. So sah er aus, der kleine Jakob, **zum missgestalteten Zwerg war er geworden.** 

Jetzt gedachte er auch jenes Morgens, an welchem das alte Weib an die Körbe seiner Mutter getreten war. Alles, was er damals an ihr getadelt hatte, die lange Nase, die hässlichen Finger, alles hatte sie ihm angetan, und nur den langen, zitternden Hals hatte sie gänzlich weggelassen.

Lies weiter auf Seite 58.

Dagegen ist kein Kraut gewachsen

Wenn du zur Prüfung an die Tafel gerufen wirst und dich plötzlich an nichts mehr erinnerst, was du noch
Vor einer Stunde gewusst hast.

Wenn du vor einem Teller Reisfleisch sitzt und trotz Heißhunger keinen Bissen hinunter bekommst, weil du
Reis nicht magst und Fleisch schon gar nicht.

Wenn du auf dem 5-Meter-Brett stehst und dich doch nicht zu springen traust.

Wenn du die Neue in deiner Klasse auf ein Eis einladen möchtest und dich einfach nicht traust, sie zu fragen.

Wenn du dir zum wiederholten Mal einen Hund wünschst und dir die Eltern zum wiederholten Mal erklären,
warum es nicht möglich ist, einen Hund zu halten, und du dir
trotzdem einen wünschst.

Wenn alle Kräutlein sprießen

Umdichtung nach der Melodie **„Wenn alle Brünnlein fließen“**

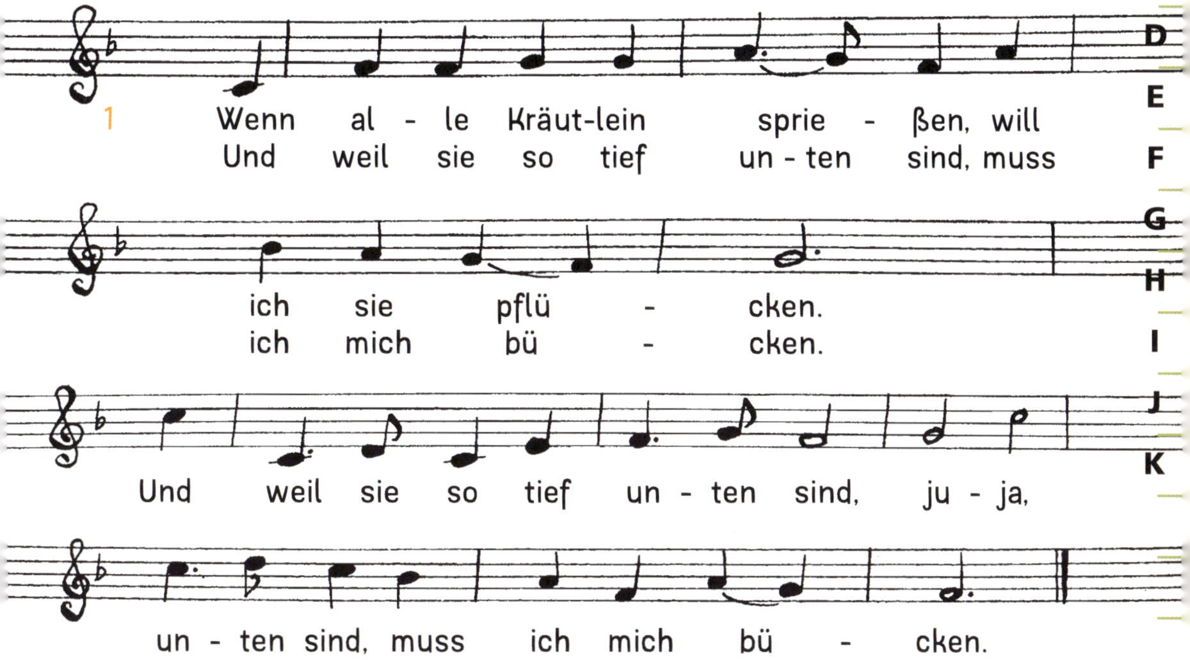

2 Doch bücken mit mei’m Hexenschuss, das tut mir, ach, so weh.
Da weiß ich, wer mir helfen kann, es ist die Kräuterfee.
Da weiß ich, wer mir helfen kann,
juja, helfen kann, es ist die Kräuterfee.

Auflösung (von links nach rechts):
Spitzwegerich | Quecke | Hirtentäschel | Pfefferminze | Salbei | Schafgarbe | Fenchel

Erkennst du die Kräuter?

Kräuterolympiade

Welche Pflanze kann dich als einzige „verbrennen?“

Welches Kraut schmeckt richtig sauer?

Wie heißt der erste Frühlingsbote?

Welche Pflanze produziert die meisten Samen?

Welches Kraut hat die kleinsten Blätter?

Welche Pflanze macht die allerlängsten Triebe?

Welches Gewürz ist das teuerste Gewürz der Welt?

Welche Pflanze hat die größten Blätter und wird oft mit dem Huflattich verwechselt?

Welche Pflanze wird die größte?

Welches Kraut kannst du von weither riechen?

Welche Pflanze kann dich zum Weinen bringen?

A
B
C
D
E
F
G
H
I
J
K

Auflösung (von unten links nach oben und rechts): Gundelrebe | Brennessel | Sauerampfer | Veilchen | Löwenzahn | Quendel | Safran | Pestwurz | Königskerze | Bärlauch | Zwiebel

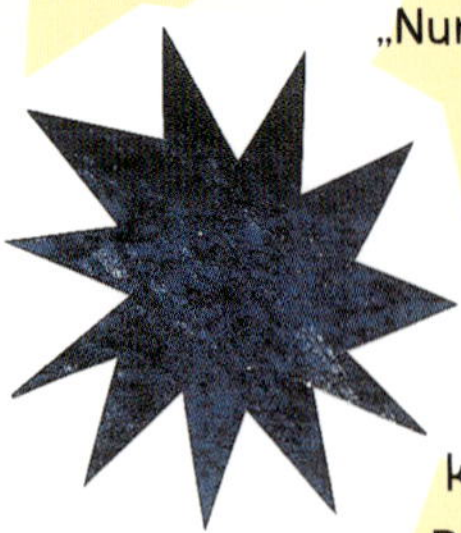

„Nun, habt Ihr Euch jetzt genug beschaut, mein Prinz?“, sagte der Barbier, indem er zu ihm trat und ihn lachend betrachtete. „Wahrlich, wenn man sich dergleichen träumen lassen wollte, so komisch könnte es einem im Traume nicht vorkommen. Doch ich will Euch einen **Vorschlag** machen, kleiner Mann. Mein Barbierzimmer ist zwar sehr besucht, aber doch seit neuerer Zeit nicht so, wie ich wünsche. Das kommt daher, weil mein Nachbar, der Barbier Schaum, irgendwo einen Riesen aufgefunden hat, der ihm die Kunden ins Haus lockt. Nun, ein Riese zu werden, ist gerade keine Kunst, aber so ein Männchen wie Ihr, ja, das ist schon ein ander Ding. Tretet bei mir in Dienste, kleiner Mann, Ihr sollt Wohnung, Essen, Trinken, Kleider, alles sollt Ihr haben. Dafür stellt Ihr Euch morgens unter meine Türe und ladet die Leute ein, hereinzukommen. Ihr schlagt den Seifenschaum, reicht den Kunden das Handtuch und seid versichert, wir stehen uns beide gut dabei. Ich bekomme mehr Kunden als jener mit dem Riesen, und jeder gibt Euch gerne noch ein Trinkgeld.“

Der Kleine war in seinem Innern empört über den Vorschlag, als **Lockvogel** für einen Barbier zu dienen. Aber musste er sich nicht diesen Schimpf gefallen lassen? Er sagte dem Barbier daher ganz ruhig, dass er nicht Zeit habe zu dergleichen Diensten, und ging weiter.

Hatte das böse alte Weib seine Gestalt unterdrückt, so hatte sie doch seinem Geist nichts anhaben können, das fühlte er wohl. Denn er dachte und fühlte nicht mehr, wie er vor sieben Jahren getan. Nein, er glaubte in diesem Zeitraum weiser, verständiger geworden zu sein. Er trauerte nicht um seine verlorene Schönheit, nicht über diese hässliche Gestalt, sondern nur darüber, dass er wie ein Hund von der Türe seines Vaters gejagt werde. Darum beschloss er, noch einen Versuch bei seiner Mutter zu machen.

Er trat zu ihr auf den Markt und bat sie, ihm ruhig zuzuhören. Er erinnerte sie an jenen Tag, an welchem er mit dem alten Weibe gegangen, er erinnerte sie an alle einzelnen Vorfälle seiner Kindheit, erzählte ihr dann, wie er sieben Jahre als Eichhörnchen gedient habe bei der Fee und wie sie ihn verwandelte, weil er sie damals getadelt. Die Frau des Schusters wusste nicht, was sie denken sollte. Alles traf zu, was er ihr von seiner Kindheit erzählte, aber wenn er davon sprach, dass er sieben Jahre lang ein Eichhörnchen gewesen sei, da sprach sie: **„Es ist unmöglich, und es gibt keine Feen“**, und wenn sie ihn ansah, so verabscheute sie den hässlichen Zwerg und glaubte nicht, dass dies ihr Sohn sein könne. Endlich hielt sie es fürs Beste, mit ihrem Manne darüber zu sprechen. Sie raffte also ihre Körbe zusammen und hieß ihn mitgehen. So kamen sie zu der Bude des Schusters.

„Sieh einmal“, sprach sie zu diesem, „der Mensch da will unser verlorener Jakob sein. Er hat mir alles erzählt, wie er uns vor sieben Jahren gestohlen wurde und wie er von einer Fee verzaubert werden sei.“

„So?“, unterbrach sie der Schuster mit Zorn, „hat er dir dies erzählt? Warte, du Range! Ich habe ihm alles erzählt noch vor einer Stunde, und jetzt geht er hin, dich so zu foppen! Verzaubert bist du worden, mein Söhnchen?

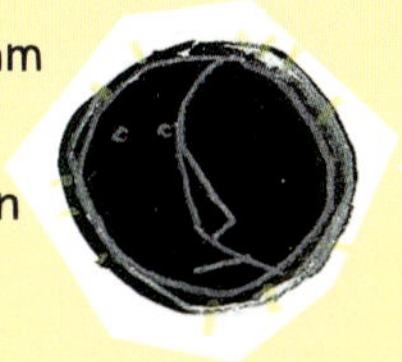

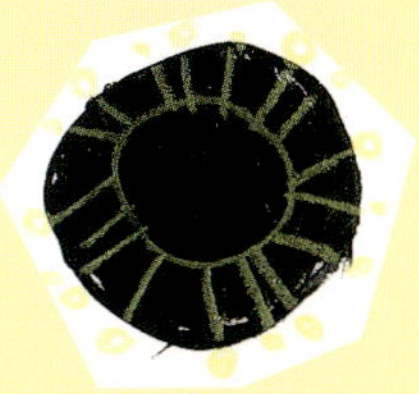

Warte doch, ich will dich wieder entzaubern." Dabei nahm er ein Bündel Riemen, die er eben zugeschnitten hatte, sprang auf den Kleinen zu und schlug ihn auf den hohen Rücken und auf die langen Arme, dass der Kleine vor Schmerz aufschrie und weinend davonlief.

In jener Stadt gab es, wie überall, wenige mitleidige Seelen, die einen Unglücklichen, der zugleich etwas Lächerliches an sich trägt, unterstützen. Daher kam es, dass der unglückliche Zwerg den ganzen Tag ohne Speise und Trank blieb und abends die Treppen einer Kirche, so hart und kalt sie waren, zum Nachtlager wählen musste.

Als ihn aber am nächsten Morgen die ersten Strahlen der Sonne erweckten, da dachte er ernstlich darüber nach, wie er sein Leben fristen könne, da ihn Vater und Mutter verstoßen hatten. Er fühlte sich zu stolz, um als Aushängeschild eines Barbiers zu dienen, er wollte nicht zu einem Possenreißer sich verdingen und sich um Geld sehen lassen. Was sollte er anfangen? Da fiel ihm mit einem Mal ein, dass er als Eichhörnchen große Fortschritte in der **Kochkunst** gemacht habe. Er glaubte nicht mit Unrecht, hoffen zu dürfen, dass er es mit manchem Koch aufnehmen könne. Er beschloss, seine Kunst zu benützen.

Sobald es daher lebhafter wurde auf der Straße und der Morgen ganz heraufgekommen war, trat er zuerst in die Kirche und verrichtete sein Gebet. Dann trat er seinen Weg an. Der **Herzog, der Herr des Landes,** war ein bekannter Schlemmer und Lecker, der eine gute Tafel liebte und seine Köche in allen Weltteilen aufsuchte. Zu seinem Palast begab sich der Kleine. Als er an die äußerste Pforte kam, fragten die Türhüter nach seinem Begehr und hatten ihren Spott mit ihm. Er aber verlangte nach dem Oberküchenmeister. Sie lachten und führten ihn durch die Vorhöfe, und wo er hinkam, blieben die Diener stehen, schauten nach ihm, lachten weidlich und schlossen sich an, so dass nach und nach ein ungeheurer Zug von Dienern aller Art sich die Treppe des Palastes hinaufbewegte. Die Stallknechte warfen ihre Striegel weg, die Läufer liefen, was sie konnten, die Teppichbreiter vergaßen, die Teppiche auszuklopfen, alles drängte und trieb sich, es war ein Gefühl, als sei der Feind vor den Toren und das Geschrei: „Ein Zwerg, ein Zwerg! Habt ihr den Zwerg gesehen?" füllte die Lüfte.

Da erschien der **Aufseher** des Hauses mit grimmigem Gesicht, eine ungeheure Peitsche in der Hand, in der Türe. „Um Himmels willen, ihr Hunde, was macht ihr solchen Lärm! Wisst ihr nicht, dass der Herr noch schläft?" Und dabei schwang er die Geißel und ließ sie unsanft auf den Rücken einiger Stallknechte und Türhalter niederfallen.

„Ach, Herr!", riefen sie. „Seht Ihr denn nicht? Da bringen wir einen Zwerg, einen Zwerg, wie Ihr noch keinen gesehen." Der Aufseher des Palastes zwang sich mit Mühe, nicht laut aufzulachen, als er des Kleinen ansichtig wurde. Denn er fürchtete, durch Lachen seiner Würde zu schaden. Er trieb daher mit der Peitsche die übrigen hinweg, führte den Kleinen ins Haus und **fragte nach seinem Begehr.**

Lies weiter auf Seite 64.

die Seele baumeln lassen
gelobt werden
lachen
spielen
lieb gehabt werden
Luftschlösser bauen
Abenteuer erleben
singen
Freunde haben
Feste feiern
nehmen und geben
Familie
träumen
Lebens-Mittel
lustig sein
Zeit haben
geborgen sein
Ferien
dazu gehören

Auch als Mittel gegen **Motten** können Kräuter eingesetzt werden, wie der **Steinklee** (in größeren Mengen) oder als Duftsträußchen aus **Lavendel**zweigen. So erwischt man zwei Fliegen auf einen Schlag, man hält die Motten fern und die Wäsche duftet herrlich!

Klee

In diesen Heil- und Futterpflanzen sieht man oft die Hasen tanzen oder sich den Bauch voll schlagen: Liebe geht halt durch den Magen.

Steinklee

Melilotus officinalis

Familie: Schmetterlingsblütler

Ich heiße auch: Mottenklee, Schabenklee

Wofür ich gut bin: Steinklee ist eine beliebte Heilpflanze bei Venenerkrankungen und dient zur Nachbehandlung von Thrombosen und Krampfadern. Er kommt auch bei Migräne und Nasenbluten zum Einsatz und wirkt günstig auf das Lymphsystem. Außerdem ist er, wie der Name Mottenklee schon sagt, ein gutes Mittel gegen Motten. Er sollte allerdings reichlich verwendet werden!

Kleidermotte

Lavendel

Lavandula officinalis

Familie: Lippenblütler

Ich heiße auch: Balsamblümli, Fanderli, Hirnkraut, Nervenkräutl, Schwindelkraut, Zitterbleaml

Wofür ich gut bin: Lavendel wirkt entzündungshemmend. Er wird viel in der Kosmetikindustrie verwendet. Und er lindert den Juckreiz bei Insektenstichen, wenn man Lavendelöl auf die Einstichstelle reibt. Er wirkt aber auch gegen Motten:

Wacholder

Juniperus communis

Familie: Zypressengewächse

Ich heiße auch: Kranawitt(en), Feuerbaum, Machandel

Wo ich zu Hause bin: Wacholder ist in ganz Europa heimisch. Er wächst auf lockeren Sand- und Heideböden oder in lichten Nadelwäldern. **Besonders gut schmecke ich so:** In der Küche verwendet man ganze Beeren zu allen Wildgerichten, zu Sauerkraut und Fisch, auch für Marinaden und Braten. Das Holz wird zum Räuchern von Fleisch verwendet.

Wofür ich gut bin: Wacholder wirkt entschlackend, wassertreibend und blutreinigend. Er nimmt auch das Völlegefühl nach dem Essen. Sparsam verwenden zur Schonung der Niere.

(Echter) Salbei

Salvia officinalis

Familie: Lippenblütler

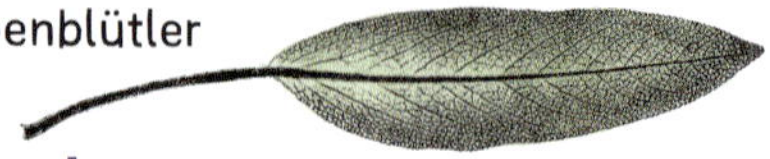

Ich heiße auch: Altweiberschmecken, G'schmackblatteln, Königssalbei, Zupfblatteln

Wo ich zu Hause bin: Der Salbei stammt aus den Bergen Südeuropas. Wind- und frostgeschützte Lage und kalkhaltiger Boden lassen ihn im Garten üppig gedeihen.

Wofür ich gut bin: Salbei wirkt blutreinigend, führt den Schleim der Atmungsorgane aus, sodass man wieder Appetit bekommt. Er heilt Entzündungen des Darmes, des Magens, der Leber, der Galle und der Harnwege. Salbei desinfiziert, deshalb ist er ein ausgezeichnetes Gurgelwasser und auch Waschwasser für Kranke. Er ist in jedem Deo enthalten. Wichtiger Tee für stillende Mütter zum Abstillen.

Schafkäse mit Knoblauch und Salbei

Dafür brauchst du: 200 g Schafkäse | 3 Zehen Knoblauch | 10 Salbeiblätter | 10 Pfefferkörner | 1/8 l Olivenöl

Wir lassen uns nicht den **Mund** verbieten – weder beim Sprechen noch beim Essen oder beim Singen. Wir spitzen die Lippen zum Pfeifen und Küssen, strecken die Zunge heraus zum Eisschlecken. Und dass der Atem durch den Mund ein- und ausströmt, zeigt uns, dass wir am Leben sind. **Und wie!**

Ein paar Beeren Wacholder und Brennessel, mein Holder, Melisse und Tausenguldenkraut – und schon ist ein guter Tee gebraut.

A
B
C
D
E
F
G
H
I
J
K
L
M

Als er hörte, jener wolle zum Küchenmeister, erwiderte er: „Du irrst dich, mein Söhnchen. Zu mir, dem Aufseher des Hauses, willst du? Du willst Leibzwerg werden beim Herzog, ist es nicht also?“

„Nein, Herr!“, antwortete der Zwerg. „Ich bin ein geschickter Koch und erfahren in allerlei seltenen Speisen. Bringt mich zum Oberküchenmeister, vielleicht kann er meine Kunst brauchen.“

Jeder nach seinem Willen, kleiner Mann; übrigens bist du doch ein unbesonnener Junge. **In die Küche!** Als Leibzwerg hättest du keine Arbeit gehabt und Essen und Trinken nach Herzenslust und schöne Kleider. Doch, wir wollen sehen, deine Kochkunst wird schwerlich so weit reichen, als ein Mundkoch des Herren nötig hat, und zum Küchenjungen bist du zu gut.“ Bei diesen Worten nahm ihn der Aufseher des Palastes bei der Hand und führte ihn in die Gemächer des Oberküchenmeisters.

„Gnädiger Herr“, sprach dort der Zwerg und verbeugte sich so tief, dass er mit der Nase den Fußteppich berührte, „braucht Ihr keinen geschickten Koch?“

Der Oberküchenmeister betrachtete ihn vom Kopf bis zu den Füßen, brach dann in lautes Lachen aus und sprach: „Wie?“, rief er. „Du ein Koch? Meinst du, unsere Herde seien so niedrig, dass du nur auf einen hinaufschauen kannst, wenn du dich auch auf die Zehen stellst und den Kopf recht aus den Schultern herausarbeitest? O lieber Kleiner! Wer dich zu mir geschickt hat, um dich als Koch zu verdingen, der hat dich zum Narren gehabt.“ So sprach der Oberküchenmeister und lachte weidlich, und mit ihm lachten der Aufseher des Palastes und alle Diener, die im Zimmer waren.

Der Zwerg aber ließ sich nicht aus der Fassung bringen. „Was liegt an einem Ei oder zweien, an ein wenig Sirup und Wein, an Mehl und Gewürzen in einem Hause, wo man dessen genug hat?“, sprach er. **„Gebt mir irgendeine leckerhafte Speise zu bereiten auf,** schafft mir, was ich dazu brauche, und sie soll vor Euren Augen schnell bereitet sein, und Ihr sollt sagen müssen, er ist ein Koch nach Regel und Recht.“ Solche und ähnliche Reden führte der Kleine, und es war wunderlich anzuschauen, wie es dabei aus seinen kleinen Äuglein hervorblitzte, wie seine lange Nase sich hin und her schlängelte und seine dünnen Spinnenfinger seine Rede begleiteten.

„Wohlan!“, rief der Küchenmeister und nahm den Aufseher des Palastes unter dem Arme, „wohlan, es sei um des Spaßes willen. Lasset uns zur Küche gehen!“ Sie gingen durch mehrere Säle und Gänge und kamen endlich in die Küche. Es war dies ein großes, weitläufiges Gebäude, herrlich eingerichtet, auf zwanzig Herden brannten beständig Feuer; ein klares Wasser, das zugleich zum Fischbehälter diente, floss mitten durch sie, in Schränken von Marmor und köstlichem Holz waren die Vorräte aufgestellt, die man immer zur Hand haben musste, und zur Rechten und Linken waren zehn Säle, in welchen alles aufgespeichert war, was man in allen Ländern von Frankistan und selbst im Morgenlande Köstliches und Leckeres für den Gaumen erfunden hatte. Küchenbedienstete aller Art liefen umher und rasselten und hantierten mit Kesseln und Pfannen, mit Gabeln und Schaumlöffeln. Als aber

der Oberküchenmeister in die Küche eintrat, blieben sie alle regungslos stehen, und nur das Feuer hörte man noch knistern und das Bächlein rieseln.

„Was hat der Herr heute zum Frühstück befohlen?", fragte der Meister den ersten Frühstücksmacher, einen alten Koch.

„Herr, die **dänische Suppe** hat er geruht zu befehlen und **rote Hamburger Klößchen**."

„Gut", sprach der Küchenmeister weiter, „hast du gehört, was der Herr speisen will? Getraust du dich, diese schwierigen Speisen zu bereiten? Die Klößchen bringst du auf keinen Fall heraus, das ist ein Geheimnis."

„Nichts leichter als dies", erwiderte zu allgemeinem Erstaunen der Zwerg. Denn er hatte diese Speisen als Eichhörnchen oft gemacht. „Nichts leichter! Man gebe mir zu der Suppe die und die Kräuter, dies und jenes Gewürz, Fett von einem wilden Schwein, Wurzeln und Eier. Zu den Klößchen aber", sprach er leiser, dass es nur der Küchenmeister und der Frühstücksmacher hören konnten, „zu den Klößchen brauche ich viererlei Fleisch, etwas Wein, Entenschmalz, Ingwer und ein gewisses Kraut, das man Magentrost heißt."

„Bei St. Benedikt! **Bei welchem Zauberer hast du gelernt?**", rief der Koch mit Staunen. „Alles bis auf ein Haar hat er gesagt, und das Kräutlein Magentrost haben wir selbst nicht gewusst. Ja, das muss es noch angenehmer machen. O du Wunder von einem Koch!"

„Das hätte ich nicht gedacht", sagte der Oberküchenmeister, „doch lassen wir ihn die Probe machen. Gebt ihm die Sachen, die er verlangt, Geschirr und alles, und lasst ihn das Frühstück bereiten."

Man tat, wie er befohlen, und rüstete alles auf dem Herde zu. Aber da fand es sich, dass der Zwerg kaum mit der Nase bis an den Herd reichen konnte. Man setzte daher ein paar Stühle zusammen, legte eine Marmorplatte darüber und lud den kleinen Wundermann ein, sein Kunststück zu beginnen. In einem großen Kreise standen die Köche, Küchenjungen, Diener und allerlei Volk umher und sahen zu und staunten, wie ihm alles so flink und fertig von der Hand ging, wie er alles so reinlich und niedlich bereitete. Als er mit der Zubereitung fertig war, befahl er, beide Schüsseln ans Feuer zu setzen und genau so lange kochen zu lassen, bis er rufen werde. Dann fing er an zu zählen, eins, zwei, drei und so fort, und gerade als er fünfhundert gezählt hatte, rief er: „Halt!" Die Töpfe wurden weggesetzt, und der Kleine lud den Küchenmeister ein, zu **kosten**.

Der Mundkoch ließ sich von einem Küchenjungen den goldenen Löffel reichen, spülte ihn im Bach und überreichte ihn dem Oberküchenmeister.

Lies weiter auf Seite 70.

Männlich

Männlich Genauso wie Mädchen und Frauen können auch angehende Männer die Kräuter für sich nützen. Die besonders anregende Wirkung von **Liebstöckl** zum Beispiel, das **Gänseblümchen** (Seite 45) als Stärker und Mutmacher und die **Brennessel** zur Blutverbesserung und für die Prostata.

Liebstöckel

Levisticum officinale

Familie: Doldengewächse

Ich heiße auch: **Badekraut, Gichtstock, Maggikraut, Liebrohr, Lobstock**
Wo ich zu Hause bin: Liebstöckel stammt aus den Ländern rund ums Mittelmeer und wird heute auch bei uns angebaut.
Besonders gut schmecke ich so: Liebstöckel wird als Würze für Eintöpfe, Suppen und Saucen verwendet, einfach für alles, was man kocht – vorausgesetzt man mag den Geschmack des Maggikrauts, das einer sehr bekannten Suppenwürze seinen Namen gegeben hat.
Wofür ich gut bin: Auf Grund seiner krampf- und schleimlösenden Eigenschaften wird Liebstöckel als Tee bei Bronchialkatarrh empfohlen. Außerdem wirkt es harntreibend und verdauungsfördernd. Liebstöckel wird auch als Badezusatz bei Hautunreinheiten angewendet. Er wirkt anregend.
Liebstöckl verwenden Frauen als Badezusatz zur Stärkung der Unterleibsorgane, ihren Männern haben sie es ins Essen getan – nicht nur des Namens wegen.

Brennnessel

Urtica dioica

Familie: Brennnesselgewächse

Ich heiße auch: **Nettel, Hanfnessel, Saunessel, Große Nessel, Senznettel**
Wo ich zu Hause bin: Die Brennnessel-Arten kommen in ganz Europa vor, wo Menschen hausen. Sie wachsen in der Nähe von Stallungen, an Zäunen, Hecken, an Mauern, meist auf überdüngtem Boden.
Besonders gut schmecke ich so: Im Frühjahr bereitet man aus den ganz zarten Blättern und Sprossen entweder spinatartiges Gemüse, den „Brennnesselspinat" oder man brüht die Blätter und Sprossen ganz leicht ab und benützt sie zu einem Salat oder zu einer Salatgarnierung.
Wofür ich gut bin: Die Brennnessel zählt zu den besten Blutreinigungsmitteln unter den Heilpflanzen. Sie ist ein wichtiges Heilmittel zur Behandlung von Entzündungen der Harnwege. Sie ist auch ein gutes Mittel zur Stärkung der Prostata. Die Brennnessel wirkt auch blutstillend.

Morgens: Müsli, mittags: Marillenknödel, nachmittags: Marmorkuchen. Mmhm!

A B C D E F G H I J K L M

Pflück dir fünf M-Wörter und erfinde eine Geschichte!

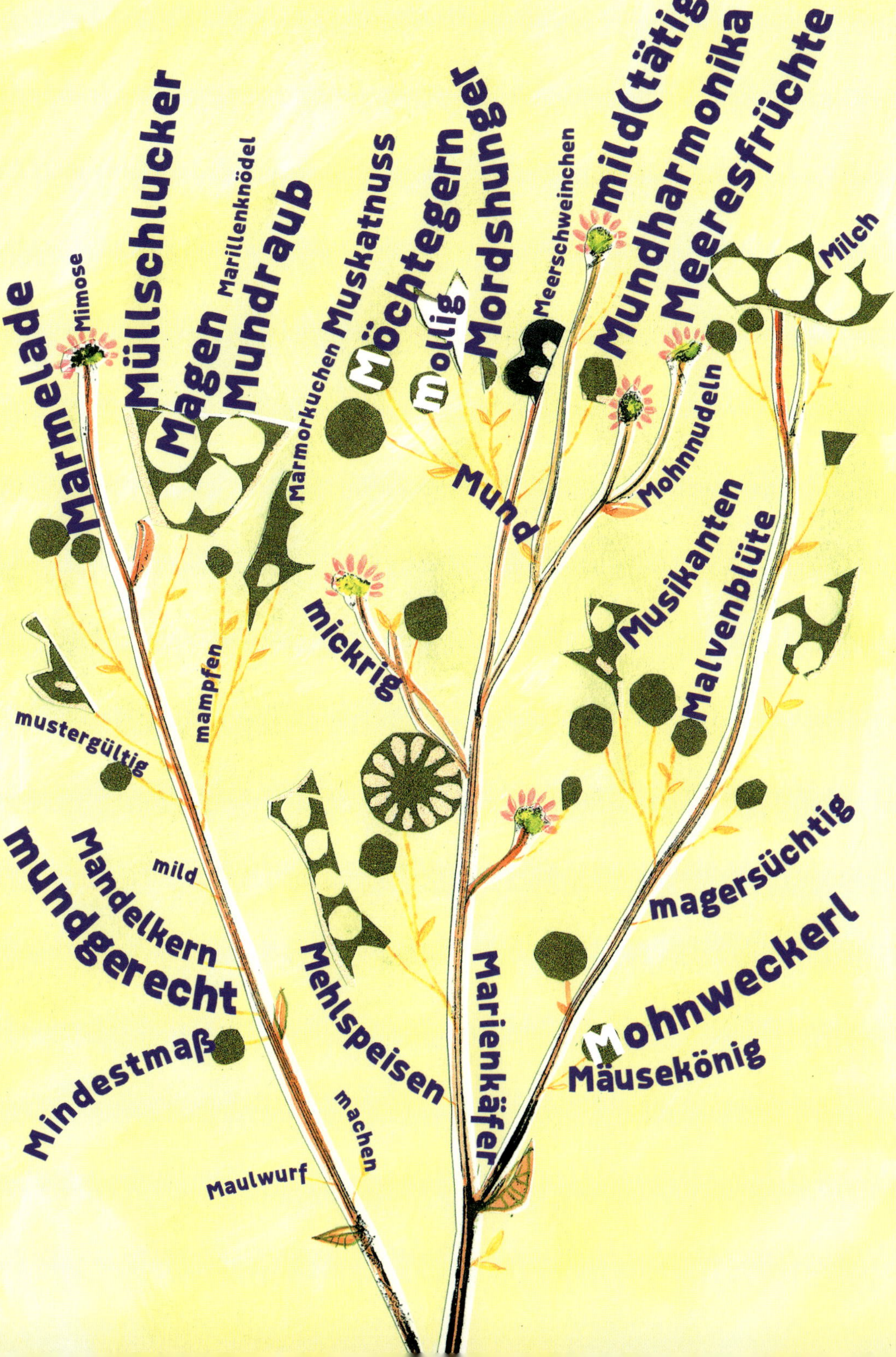

NEine gesellschaftlich anerkannte Gier ist die **Neugier**. Ohne sie gäbe es keine Entdeckungen, wenig Erfahrungen, keine Experimente, keine Abenteuer, selten nur Überraschungen.

Lasst uns also dieser Gier frönen!

Willkommen im Club der Neugierdsnasen!

Naseweis

Null-Angst-Kraut

Sensitivus nobilis

Familie: Starkwurzgewächse

Ich heiße auch:
Mutmacher, Wünschelkraut, Keine-Panik-Gewächs
Wächst nur auf dem eigenen Mist.
Will mit Geduld gehegt und gepflegt werden.
Wofür ich gut bin:
gegen die Angst vor großen Hunden –
auch gegen andere große Ängste.

Anleitung:

- Siehst du einen großen Hund, verwandle ihn in Gedanken in eine winzig kleine Maus, dann atme tief durch und geh lockeren Schrittes am mauskleinen Hund vorbei. Du kannst beiläufig auch „Hallo, Mäuschen!“ sagen, aber deine Stimme darf dabei nicht zittern.
- Will das Verwandeln nicht sofort gelingen, dann geh langsam auf die andere Straßenseite, atme tief durch und geh erhobenen Hauptes weiter. Du kannst auch ein kleines Lied dabei pfeifen.

Ganz wichtig: Dem Hund nicht in die Augen schauen!

Mit der Zeit wird deine Angst kleiner; und dein Mut wird größer. Und mit etwas Glück brauchst du das Null-Angst-Kraut bald nicht mehr!

Dieser trat mit feierlicher Miene an den Herd, nahm von den Speisen, kostete, drückte die Augen zu, schnalzte vor Vergnügen mit der Zunge und sprach dann: „**Köstlich, bei des Herzogs Leben, köstlich!** Wollet Ihr nicht auch ein Löffelchen zu Euch nehmen, Aufseher des Palastes?“

Dieser verbeugte sich, nahm den Löffel, versuchte und war vor Vergnügen und Lust außer sich. „Eure Kunst in Ehren, lieber Frühstücksmacher, Ihr seid ein erfahrener Koch. Aber so herrlich habt Ihr weder die Suppe noch die Hamburger Klöße machen können!“

Auch der Koch kostete jetzt, schüttelte dann dem Zwerg ehrfurchtsvoll die Hand und sagte: „Kleiner! Du bist ein Meister in der Kunst, ja, das Kräutlein Magentrost, das gibt allem einen ganz eigenen Reiz.“

In diesem Augenblick kam der Kammerdiener des Herzogs in die Küche und berichtete, dass der Herr das Frühstück verlange. Die Speisen wurden nun auf silberne Platten gelegt und dem Herzog zugeschickt. Der Oberküchenmeister aber nahm den Kleinen in sein Zimmer und unterhielt sich mit ihm. Kaum waren sie aber halb so lange da, als man ein Paternoster spricht (es ist dies das Gebet der Franken, o Herr, und dauert nicht halb so lange als das Gebet der Gläubigen), so kam schon ein Bote und rief den Oberküchenmeister zum Herrn. Er kleidete sich schnell in sein Festkleid und folgte dem Boten.

Der Herzog sah sehr vergnügt aus. Er hatte alles aufgezehrt, was auf den silbernen Platten gewesen war, und wischte sich eben den Bart ab, als der Oberküchenmeister zu ihm eintrat.

„Höre, Küchenmeister!“, sprach er. „Ich bin mit deinen Köchen bisher immer sehr zufrieden gewesen, aber sage mir, wer hat heute mein Frühstück bereitet? **So köstlich war es nie,** seit ich auf dem Thron meiner Väter sitze. Sage an, wie er heißt, der Koch, dass wir ihm einige Dukaten zum Geschenk schicken.“

„Herr, das ist eine wunderbare Geschichte“, antwortete der Oberküchenmeister und erzählte, wie man ihm heute früh den Zwerg gebracht, der durchaus Koch werden wollte und wie sich dies alles begeben. Der Herzog verwunderte sich höchst, ließ den Zwerg vor sich rufen und fragte ihn aus, wer er sei und woher er komme. Da konnte nun der arme Jakob freilich nicht sagen, dass er verzaubert worden sei und früher als Eichhörnchen gedient habe. Doch blieb er bei der Wahrheit, indem er erzählte, er sei jetzt ohne Vater und Mutter und habe bei einer alten Frau kochen gelernt. Der Herzog fragte nicht weiter, sondern ergötzte sich an der sonderbaren Gestalt seines neuen Kochs.

“Willst du bei mir bleiben“, sprach er, „so will ich dir jährlich fünfzig Dukaten, ein Festkleid und noch überdies ein Paar Beinkleider reichen lassen. Dafür musst du aber täglich mein Frühstück selbst bereiten, musst angeben, wie das Mittagessen gemacht werden soll, und überhaupt dich meiner Küche annehmen. Da jeder in meinem Palast seinen eigenen Namen von mir empfängt, so sollst du Nase heißen und die Würde eines Unterküchenmeisters bekleiden.“

Der Zwerg Nase fiel nieder vor dem mächtigen Herzog in Frankenland, küsste ihm die Füße und versprach, **ihm treu zu dienen.**

So war nun der Kleine fürs Erste versorgt, und **er machte seinem Amt Ehre.**

Denn man kann sagen, dass der Herzog ein ganz anderer Mann war, während der Zwerg Nase sich in seinem Haus aufhielt. Sonst hatte es ihm oft beliebt, die Schüsseln oder Platten, die man ihm auftrug, den Köchen an den Kopf zu werfen. Ja, dem Oberküchenmeister selbst warf er im Zorn einmal einen gebackenen Kalbsfuß, der nicht weich genug geworden war, so heftig an die Stirne, dass er umfiel und drei Tage zu Bett liegen musste. Der Herzog machte zwar, was er im Zorn getan, durch einige Hände voll Dukaten wieder gut, aber dennoch war nie ein Koch ohne Zittern und Zagen mit den Speisen zu ihm gekommen. Seit der Zwerg im Hause war, schien alles wie durch Zauber umgewandelt. Der Herr aß jetzt statt dreimal des Tages fünfmal, um sich an der Kunst seines kleinsten Dieners recht zu laben, und dennoch verzog er nie eine Miene zum Unmut. Nein, er fand alles neu, trefflich, war leutselig und angenehm und wurde von Tag zu Tag fetter.

Oft ließ er mitten unter der Tafel den Küchenmeister und den Zwerg Nase rufen, setzte den einen rechts, den anderen links zu sich und schob ihnen mit seinen eigenen Fingern einige Bissen der köstlichsten Speisen in den Mund, eine Gnade, welche sie beide wohl zu schätzen wussten.

Der Zwerg war das Wunder der Stadt. Man erbat sich flehentlich Erlaubnis vom Oberküchenmeister, den Zwerg kochen zu sehen, und einige der vornehmsten Männer hatten es so weit gebracht beim Herzog, dass ihre Diener in der Küche beim Zwerg Unterrichtsstunden genießen durften, was nicht wenig Geld eintrug, denn jeder zahlte täglich einen halben Dukaten. Und um die übrigen Köche bei guter Laune zu erhalten und sie nicht neidisch auf ihn zu machen, überließ ihnen Nase dieses Geld, das die Herren für den Unterricht ihrer Küche zahlen mussten.

So lebte Nase beinahe zwei Jahre in äußerlichem Wohlleben und Ehre, und nur der Gedanke an seine Eltern betrübte ihn. So lebte er, ohne etwas Merkwürdiges zu erfahren, bis sich folgender Vorfall ereignete. Der Zwerg Nase war besonders geschickt und glücklich in seinen Einkäufen. Daher ging er, so oft es ihm die Zeit erlaubte, immer selbst auf den Markt, um Geflügel und Früchte einzukaufen. Eines Morgens ging er auch auf den **Gänsemarkt** und forschte nach schweren, fetten Gänsen, wie sie der Herr liebte. Er war musternd schon einigemal auf und ab gegangen. Seine Gestalt, weit entfernt, hier Lachen und Spott zu erregen, gebot Ehrfurcht. Denn man erkannte ihn als den berühmten Mundkoch des Herzogs, und jede Gänsefrau fühlte sich glücklich, wenn er ihr die Nase zuwandte.

Da sah er ganz am Ende einer Reihe in einer Ecke eine Frau sitzen, die auch Gänse feil bot, aber **nicht wie die übrigen ihre Ware anpries.** Zu dieser trat er und maß und wog ihre Gänse. Sie waren, wie er sie wünschte, und er kaufte drei samt dem Käfig, lud sie auf seine breiten Schultern und trat den Rückweg an. Da kam es ihm sonderbar vor, dass nur zwei von diesen Gänsen schnatterten und schrien, wie rechte Gänse zu tun pflegen, die dritte aber still und in sich gekehrt dasaß und Seufzer ausstieß und ächzte wie ein Mensch.

Lies weiter auf Seite 76.

Himmelpforten

Orte mit seltsamen Namen

REGEN
Niederschlag
Finster
au
Regenhütte
Wald-
häuser
Hechthausen
Rübling
Wilde Sau
(Fluss)
Quakenbrück
Stadtlohn
Geringswalde
Stotterheim
Bocksdorf

Pizza

Kein anderes Gewürz ist so wichtig für einen Pizzakoch wie der **Oregano**. Er gibt diesem italienischen Gericht – neben all den anderen Zutaten – seinen typischen Geschmack.

Oregano *Origanum vulgare*

Familie: Lippenblütler

Ich heiße auch: Dost(en), Wilder Majoran, Schusterkraut

Wo ich zu Hause bin: Der Oregano stammt aus Kleinasien, ist heute im Mittelmeerraum als wildwachsende Staude weit verbreitet, wird bei uns in Gärten angebaut und ist auch verwildert zu finden.

Besonders gut schmecke ich so: Oregano passt besonders gut als Pizzagewürz, zu Tomatengerichten aller Art und zu Weichkäsen wie Mozarella. Aber er kann auch gut als frisches Kraut zu Salat und zu Suppe gegeben werden, zu Fleisch passt er ebenfalls.

Wofür ich gut bin: Oregano regt den Appetit an und fördert die Verdauung.

Preisfragen

Nr. 7

Was mochten Mozart, Haydn und Händel?
Den Duft von Salbei und Lavendel.

Nr. 113

Wer macht im Eibisch ein Nickerchen?
Der kleine Dachs, das Dickerchen.

Q wie querfeldein

Keinem Hasen würde es einfallen, auf dem Weg zu bleiben. Für ihn ist die einzig mögliche Richtung: querfeldein. Und damit ist er nicht allein in der Tierwelt.

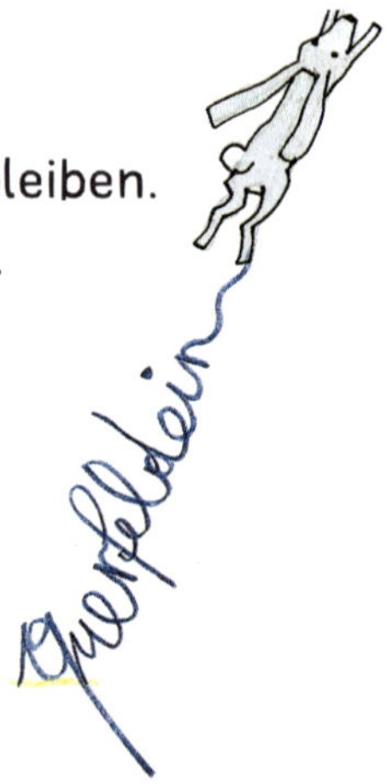

A B C D E F G H I J K L M N O P Q

Quiz zum Märchen vom **Zwerg Nase**

Unter welchen Bäumen fand die Gans Mimi das Kräutlein Niesmitlust?

1 Unter einer jungen Birke
2 Unter einer kräftigen Eiche
3 Unter einem alten Kastanienbaum
4 Unter einer hohen Linde

Wer hat Jakob verzaubert?

1 Die irre Hexe Blätterfraß
2 Der alte Meister Tunichtgut
3 Die böse Fee Kräuterweis
4 Der krummbeinige Hexenschuss

Wie lange musste Jakob in Gestalt eines Eichhörnchens der bösen Fee dienen?

1 ein Jahr
2 7 Jahre
3 25 Jahre
4 100 Jahre

Welches Kräutlein gab Jakob seine menschliche Gestalt wieder?

1 Schnaufmiteifer
2 Schmatzmitgeifer
3 Hustmitfrust
4 Niesmitlust

Wer half Jakob, das Kräutlein Niesmitlust zu finden?

1 Die Ente Lilli
2 Der Erpel Max
3 Die Gans Mimi
4 Das Huhn Hanna

Wie hieß der Vater von Mimi?

1 Der Zauberer Sturmtief
2 Der Hexenmeister Ork
3 Der Donnerkönig Wumm
4 Der Zauberer Wetterbock

Wann ist das Kräutlein Niesmitlust zu finden?

1 In prallem Sonnenschein
2 In Regen und Sturm
3 Bei dichtem Nebel
4 Bei Neumond

Wie hieß der Krieg, den der Herzog und der Fürst nach dem rätselhaften Verschwinden des Zwerg Nase begonnen haben?

1 Kuchenkampf
2 Kräuterkrieg
3 Schnitzelschlacht
4 Pizzastreit

„Die ist halbkrank", sprach er vor sich hin. „Ich muss eilen, dass ich sie umbringe und zurichte." Aber die Gans antwortete ganz deutlich und laut:

„Stichst du mich,
so beiß ich dich.
Drückst du mir die Kehle ab,
bring ich dich ins frühe Grab."

Ganz erschrocken setzte der Zwerg Nase seinen Käfig nieder, und die Gans sah ihn mit schönen, klugen Augen an und seufzte.

„Ei der Tausend!", rief Nase. **„Sie kann sprechen, Jungfer Gans?** Das hätte ich nicht gedacht. Na, sei sie nur nicht ängstlich! Man weiß zu leben und wird einem so seltenen Vogel nicht zu Leibe gehen. Aber ich wollte wetten, Sie ist nicht von jeher in diesen Federn gewesen. War ich ja selbst einmal ein schnödes Eichhörnchen."

„Du hast recht", erwiderte die Gans, „wenn du sagst, ich sei nicht in dieser schmachvollen Hülle geboren worden. Ach, an meiner Wiege wurde es mir nicht gesungen, dass Mimi, des großen Wetterbocks Tochter, in der Küche eines Herzogs getötet werden soll!"

„Sei Sie doch ruhig, **liebe Jungfer Mimi!**", tröstete der Zwerg. „So wahr ich ein ehrlicher Kerl und Unterküchenmeister Seiner Durchlaucht bin, es soll Ihr keiner an die Kehle. Ich will Ihr in meinen eigenen Gemächern einen Stall anweisen, Futter soll Sie genug haben, und meine freie Zeit werde ich Ihrer Unterhaltung widmen. Den übrigen Küchenmenschen werde ich sagen, dass ich eine Gans mit allerlei besonderen Kräutern für den Herzog mäste, und sobald sich Gelegenheit findet, setze ich Sie in Freiheit."

Die Gans dankte ihm mit Tränen. Der Zwerg aber tat, wie er versprochen, schlachtete die zwei anderen Gänse, für Mimi aber baute er einen eigenen Stall unter dem Vorwand, sie für den Herzog ganz besonders zuzurichten. Er gab ihr auch kein gewöhnliches Gänsefutter, sondern versah sie mit Backwerk und süßen Speisen.

So oft er freie Zeit hatte, ging er hin, sich mit ihr zu unterhalten und sie zu trösten. Sie erzählten sich auch gegenseitig ihre Geschichten, und Nase erfuhr auf diesem Wege, dass die Gans eine **Tochter des Zauberers Wetterbock** sei, der auf der Insel Gotland lebe. Er sei in Streit geraten mit einer alten Fee, die ihn durch Ränke und List überwunden und sie zur Rache in eine Gans verwandelt und weit hinweg bis hierher gebracht habe. Als der Zwerg Nase ihr seine Geschichte ebenfalls erzählt hatte, sprach sie: „Ich bin nicht unerfahren in diesen Sachen. Mein Vater hat mir und

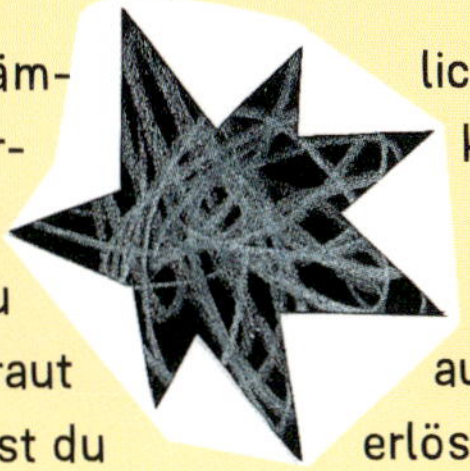

meinen Schwestern einige Anleitung gegeben, soviel er nämlich davon mitteilen durfte. Die Geschichte mit dem Streit am Kräuterkorb, deine plötzliche Verwandlung, als du an jenem Kräutlein rochst, auch einige Worte der Alten, die du mir sagtest, beweisen mir, dass du **auf Kräuter verzaubert** bist, das heißt, wenn du das Kraut auffindet, das sich die Fee bei deiner Verzauberung gedacht hat, so kannst du erlöst werden."

Es war dies ein geringer Trost für den Kleinen, denn wo sollte er das Kraut auffinden? Doch dankte er ihr und schöpfte einige Hoffnung.

Um diese Zeit bekam der Herzog einen **Besuch von einem benachbarten Fürsten**, seinem Freunde. Er ließ daher seinen Zwerg Nase zu sich kommen und sprach zu ihm: „Jetzt ist die Zeit gekommen, wo du mir zeigen musst, ob du mir treu dienst und Meister deiner Kunst bist. Dieser Fürst, der bei mir zu Besuch ist, speist bekanntlich außer mir am besten und ist ein großer Kenner einer feinen Küche und ein weiser Mann. Sorge nun dafür, dass meine Tafel täglich also besorgt werde, **dass er immer mehr in Erstaunen gerät**. Dabei darfst du, bei meiner Ungnade, so lange er da ist, keine Speise zweimal bringen. Dafür kannst du dir von meinem Schatzmeister alles reichen lassen, was du nur brauchst. Und wenn du Gold und Diamanten in Schmalz baden musst, so tu es! Ich will lieber ein armer Mann werden, als erröten vor ihm."

So sprach der Herzog! Der Zwerg aber sagte, indem er sich anständig verbeugte: „Es sei, wie du sagst, o Herr! Ich werde alles so machen, dass es diesem Fürsten der Gutschmecker wohlgefällt."

Der kleine Koch suchte nun **seine ganze Kunst** hervor. Er schonte die Schätze seines Herrn nicht, noch weniger aber sich selbst. Denn man sah ihn den ganzen Tag in eine Wolke von Rauch und Feuer eingehüllt, und seine Stimme hallte beständig durch das Gewölbe der Küche, denn er befahl als Herrscher den Küchenjungen und niederen Köchen. Herr! Ich könnte es machen wie die Kameltreiber von Aleppo, wenn sie in ihren Geschichten, die sie von Reisenden erzählen, die Menschen herrlich speisen lassen. Sie führen eine ganze Woche lang alle die Gerichte an, die aufgetragen worden sind, und erwecken dadurch große Sehnsucht und noch größeren Hunger in ihren Zuhörern, so dass diese unwillkürlich die Vorräte öffnen und eine Mahlzeit halten und den Kameltreibern reichlich mitteilen. Doch ich nicht also.
Der fremde Fürst war schon vierzehn Tage beim Herzog und lebte herrlich und in Freuden. Sie speisten des Tages nicht weniger als fünfmal, und der Herzog war zufrieden mit der Kunst des Zwerges, denn er sah Zufriedenheit auf der Stirne seines Gastes. Am fünfzehnten Tage aber begab es sich, dass der Herzog den Zwerg zur Tafel rufen ließ, ihn seinem Gast, dem Fürsten, vorstellte und diesen fragte, wie er mit dem Zwerg zufrieden sei.

„Du bist ein wunderbarer Koch", antwortete der fremde Fürst, „und weißt, was anständig Essen heißt. Du hast in der ganzen Zeit, da ich hier bin, nicht eine einzige Speise wiederholt und alles trefflich bereitet. Aber sage mir doch, warum bringst du so lange nicht die **Königin der Speisen, die Pastete Souzeraine**?"

Lies weiter auf Seite 82.

Rätselhafter Adventkalender

Auflösung: Der Hase | Lorbeer | Gewürznelken | Knoblauch | Ingwer | Zimt | Mistel | Kresse | Tausendguldenkraut | Mohn | Pfefferminze | Sauerampfer | Petersilie | Apfel | Kümmel | Chili | Lavendel | Salbei | Kamille | Dill | Königskerzen | Honig | Rosmarin | Weihrauch

Die Steinsuppe

„Hallo, Leute, ich bin's!", ruft der Wolf, als er bei der Höhle seiner Freunde eintrifft. „Ich hab euch auch was Feines mitgebracht!"

„Trifft sich gut, Kumpel!", sagt der Bär. „Wir haben schon einen Riesenhunger."

„Was gibt es denn zu essen?", fragt das Schaf.

„Steinsuppe!", erwidert der Wolf und zieht einen großen Stein aus der Tasche.

„Steinsuppe?", brummt der Bär. „Ist die gut?"

„Und ob!", versichert ihm der Wolf. „Diese Suppe schmeckt phänomenastisch."

„Ja, wenn du das sagst, dann wird es schon stimmen!", sagt der Esel mit dem Stern über dem Maul.

Der Wolf füllt einen großen Topf mit Wasser, stellt ihn auf die Feuerstelle und legt den Stein hinein.

„Passt da auch ein Sträußchen Liebstöckel dazu?", piepst die Maus.

„Klaro! Her damit!" Schon hat der Wolf die Zweige Liebstöckel in der Pfote und wirft sie in die Suppe.

„Ich hab eine Zwiebel mitgebracht!", ruft das Wiesel, turnt am Wolf hoch und lässt die Zwiebelknolle eigenpfotig in die Suppe fallen.

„Hier ist K-k-k-kümmel!", stottert der Marienkäfer, der vor dem Wolf ein klein wenig Angst hat. „K-k-k-kannst du das brauchen, W-w-w-wolf?"

„Kann ich! Nur her damit!", sagt der Wolf und streut die Kümmelkörner in den dampfenden Topf.

„Quak, ich hab da noch Fenchel," quakt der Frosch.

„Und ich Rosmarin!", bellt der Hund.

„Wie wär's mit einem Stück Ingwer?", sagt die Hexe, die immer zur Essenszeit auftaucht.

„Und ich hab ganz viel Majoran!", miaut die Katze.

„Nichts wie her damit!", sagt der Wolf jedes Mal, wenn ein neues Kraut oder

A B C D E F G H I J K L M N O P Q R S

Gewürz angeboten wird und wirft es in die Suppe.
„D-d-d-das duftet aber g-g-g-gut!", piepst der Marienkäfer.
„Aber das Beste kommt erst", gackert das Huhn – und legt ein Ei.
Der Wolf schlägt nun auch das Ei in die Suppe und sagt zufrieden: „Das wird die beste Steinsuppe, die ihr in eurem ganzen Leben gegessen habt."
Dann nimmt er den großen Schöpflöffel und füllt für jeden einen Teller Suppe.
„Halt! Noch nicht anfangen!", ruft der kleine Teufel, „Ich hab noch was."
Und wie ein Wirbelwind streut er in jeden Teller frisch geschnittene Petersilie und Schnittlauch.
Nun sitzen endlich alle im Kreis und löffeln unter viel „Ah!" und „Oh!" ihren Teller leer.
„Alle Achtung, Wolf!", lobt der Bär den Freund. „Du hast uns nicht zuviel versprochen. Das hat wirklich phänomenastisch geschmeckt."
„Sag ich doch!", sagt der Wolf und schleckt zufrieden seinen Stein ab.
Nach dem Essen verbringen die Tiere noch ein paar lustige Stunden mitsammen, bis es Zeit wird, nach Hause zu gehen.
Als der Wolf seinen Stein einpackt, rufen ihm die Tiere zum Abschied nach:
„Komm bald wieder, Wolf! Komm sehr bald wieder!"
„Mach ich, Kollegen!", sagt der Wolf.
„Und bringst d-d-d-du auch den Stein mit, W-w-w-wolf?", fragt der Marienkäfer.
„Mach ich, Kleiner!", erwidert der Wolf. „Wir werden bald wieder mitsammen Steinsuppe essen."
„Versprochen?", rufen Hund und Esel.
„Versprochen, meine Herren!", beruhigt sie der Wolf.
Auf dem Heimweg singt der Wolf mit lautem Brummbass: „Ei, das hab ich gut gemacht, ei, das hätt ich nicht gedacht!" Dann schmatzt er noch ein paar Mal genüsslich und rülpst laut und kräftig – wie immer, wenn ihm etwas besonders gut geschmeckt hat.

Der Zwerg war sehr erschrocken, denn er hatte von dieser Pastetenkönigin nie gehört. Doch fasste er sich und antwortete: „O Herr! Noch lange, hoffte ich, sollte dein Angesicht leuchten an diesem Hoflager, darum wartete ich mit dieser Speise. Denn womit sollte dich denn der Koch begrüßen am Tage des Scheidens als mit der Königin der Pasteten?"

„So?", entgegnete der Herzog lachend. „Und bei mir wolltest du wohl warten bis an meinen Tod, um mich dann noch zu begrüßen? Denn auch mir hast du die Pastete noch nie vorgesetzt. Doch denke auf einen anderen Scheidegruß, denn morgen musst du die Pastete auf die Tafel setzen."

„Es sei, wie du sagst, Herr!", antwortete der Zwerg und ging. Aber er ging nicht vergnügt. Denn **der Tag seiner Schande und seines Unglücks war gekommen**. Er wusste nicht, wie er die Pastete machen sollte. Er ging daher in seine Kammer und weinte über sein Schicksal.

Da trat die Gans Mimi, die in seinem Gemach umhergehen durfte, zu ihm und fragte ihn nach der Ursache seines Jammers.

„Stille deine Tränen!", antwortete sie, als sie von der Pastete Souzeraine gehört, „dieses Gericht kam oft auf meines Vaters Tisch, und ich weiß ungefähr, was man dazu braucht. Du nimmst dies und jenes, so und so viel, und wenn es auch nicht durchaus alles ist, was eigentlich dazu nötig, die Herren werden keinen so feinen Geschmack haben." So sprach Mimi. Der Zwerg aber sprang auf vor Freuden, segnete den Tag, an welchem er die Gans gekauft hatte, und schickte sich an, die Königin der Pasteten zuzurichten. Er machte zuerst einen kleinen Versuch, und siehe, es schmeckte trefflich, und der Oberküchenmeister, dem er davon zu kosten gab, pries aufs Neue seine ausgebreitete Kunst.

Den anderen Tag setzte er die Pastete in größerer Form auf und schickte sie warm, wie sie aus dem Ofen kam, nachdem er sie mit Blumenkränzen geschmeckt hatte, auf die Tafel. Er selbst aber zog sein bestes Festkleid an und ging in den Speisesaal. Als er eintrat, war der Obervorschneider gerade damit beschäftigt, die Pastete zu zerschneiden und auf einem silbernen Schäufelein dem Herzog und seinem Gaste hinzureichen. Der Herzog tat einen tüchtigen Biss hinein, schlug die Augen auf zur Decke und sprach, nachdem er geschluckt hatte: „Ah, ah, ah! Mit Recht nennt man dies die Königin der Pasteten. Aber mein Zwerg ist auch der König aller Köche! Nicht also, lieber Freund?"

Der Gast nahm einige kleine Bissen zu sich, kostete und prüfte aufmerksam und lächelte dabei höhnisch und geheimnisvoll.

„Das Ding ist recht artig gemacht“, antwortete er, indem er den Teller hinweg rückte, „**aber die Souzeraine ist es denn doch nicht ganz**, das habe ich mir wohl gedacht.“

Da runzelte der Herzog vor Unmut die Stirne und errötete vor Beschämung.

„Hund von einem Zwerg!“, rief er. „Wie wagst du es, deinem Herrn dies anzutun? Soll ich dir deinen großen Kopf abhacken lassen zur Strafe für deine schlechte Kocherei?“ „Ach, Herr! Um des Himmels willen, ich habe das Gericht doch zubereitet nach den Regeln der Kunst, es kann gewiss nichts fehlen!“ So sprach der Zwerg und zitterte.

„Es ist eine Lüge, du Bube!“, erwiderte der Herzog und stieß ihn mit dem Fuße von sich. „Mein Gast würde sonst nicht sagen, es fehlt etwas. Dich selbst will ich zerhacken und backen lassen in eine Pastete!“

„Habt Mitleid!“, rief der Kleine und rutschte auf den Knien zu dem Gast, dessen Füße er umfasste. „Sagt, was fehlt in dieser Speise, dass sie Eurem Gaumen nicht zusagt? Lasst mich nicht sterben wegen einer Handvoll Fleisch und Mehl.“

„Das wird dir wenig helfen, mein lieber Nase“, antwortete der Fremde mit Lachen, „das habe ich mir schon gestern gedacht, dass du diese Speise nicht machen kannst wie mein Koch. Wisse, **es fehlt ein Kräutlein**, das man hierzulande gar nicht kennt, **das Kraut Niesmitlust**. Ohne dieses bleibt die Pastete ohne Würze, und dein Herr wird sie nie essen wie ich.“

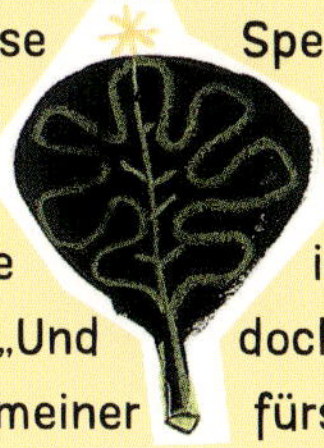

Da geriet der Herrscher in Frankistan in Wut. „Und doch werde ich sie essen“, rief er mit funkelnden Augen, „denn ich schwöre bei meiner fürstlichen Ehre: Entweder zeige ich Euch morgen die Pastete, wie Ihr sie verlangt – oder den Kopf dieses Burschen, aufgespießt auf dem Tor meines Palastes. Gehe, du Hund, noch einmal gebe ich dir vierundzwanzig Stunden Zeit.“ So rief der Herzog.

Der Zwerg aber ging wieder weinend in sein Kämmerlein und klagte der Gans sein Schicksal und dass er sterben müsse, denn von dem Kraut habe er nie gehört.

„Ist es nur dies?“, sprach sie. „Da kann ich dir schon helfen, denn mein Vater lehrte mich alle Kräuter kennen. Wohl wärest du vielleicht zu einer anderen Zeit des Todes gewesen. Aber glücklicherweise ist es gerade **Neumond**, und um diese Zeit blüht das Kräutlein. Doch, sage an, sind **alte Kastanienbäume** in der Nähe des Palastes?“

„O ja!“, erwiderte Nase mit leichterem Herzen. „Am See, zweihundert Schritte vom Haus, steht eine ganze Gruppe. Doch warum diese?“

„Nur am Fuße alter Kastanien blüht das Kräutlein“, sagte Mimi, „darum lass uns keine Zeit versäumen und suchen, was du brauchst. Nimm mich auf deinen Arm und setze mich im Freien nieder. Ich will dir suchen helfen.“

Er tat, wie sie gesagt, und ging mit ihr zur Pforte des Palastes. Dort aber streckte der Türhüter das Gewehr vor und sprach: „Mein guter Nase, mit dir ist's vorbei. Aus dem Hause darfst du nicht, ich habe den strengsten Befehl darüber.“

Lies weiter auf Seite 88.

Suppe vom Feinsten

DAS Suppenkraut ist **Liebstöckl** (Seite 66), aber das gilt auch für **Majoran**. Wenn du darauf achtest, wirst du es schmecken. Der Name Suppenwurz zeigt an, dass die **Petersilie** nicht fehlen darf. **Lorbeer** kommt aus dem Süden, **Sauerampfer** von der Wiese.

Lorbeer *Laurus nobilis*

Familie: Lorbeergewächse

Ich heiße auch:
Lorbeerblätter, Suppenblätter

Ich bin ein immergrüner Busch oder Baum, eine uralte Kult- und Kulturpflanze.In früheren Zeiten schmückte mein edles Laub Götterbilder und Sieger aller Art. In der Antike war ich den Göttern der Heilkunst (Apoll und Äsculap) geweiht.

Besonders gut schmecke ich so: Heute werden meine Blätter als Würze für Suppen, Saucen und für Linsen- und Kartoffelgerichte verwendet.

Wofür ich gut bin: Lorbeer fördert die Verdauung. Das Lorbeeröl wird in der Kosmetikindustrie verwendet.

Redewendungen:
„sich auf den Lorbeeren ausruhen"
„Vorschuss-Lorbeeren einheimsen"
„Lorbeer ernten"

Majoran *Majorana hortensis*

Familie: Lippenblütler

Ich heiße auch:
Bratenkräutel, G'würzkreidl, Mairan, Wurstkräutel

Wo ich zu Hause bin: Majoran wächst in Nordafrika und im südlichen Europa.

Besonders gut schmecke ich so: Majoran ist ein wichtiges Küchenkraut, z.B. als Würze für Ragouts, Gänse- und Entenbraten. In der Wurstwarenherstellung wird er in großen Mengen verwendet. Aber auch in Suppen, Kartoffelgerichten und auf der Pizza schmeckt dieses Kraut.

Wofür ich gut bin: Majoran ist auch eine beliebte Heilpflanze. Er wirkt im ganzen Körper. Majoran regt den Appetit an, stärkt die Nerven, fördert die Verdauung und wirkt krampflösend, schweißtreibend und schleimlösend. Bei Erkältungen kann ein Ölbad sehr wohltuend sein. Vorbeugend und begleitend bei Husten hilft der Majoran, auch bei Heiserkeit.

Ich wachse gern auf feuchten Wiesen.
Du kannst mich im Salat genießen.
Wildkräuter-Liebhaber schwören auf mich.
Auf „Donaudampfer" reim ich mich.

Lösung: Sauerampfer

Petersilie

Petroselinum hortense

Familie: Doldengewächse

Ich heiße auch: **Bittersilche, Suppenwurzel, Peterling, Felswurzel**

Wo ich zu Hause bin: Die Petersilie stammt aus Südeuropa und ist heute in allen Gemüsegärten Europas zuhause, weil sie so gut schmeckt.

Besonders gut schmecke ich so: Die Petersilie ist aus der Küche nicht mehr wegzudenken. Frisch geschnitten schmecken die Blätter besonders gut in Suppen, Salaten, Saucen und Gemüse. Ohne sie gäbe es keine Petersilkartoffeln. Blattpetersilie gibt es in krausen und glatten Sorten. Die Wurzel ist wiederum bei jedem Sträußchen Suppengrün dabei. Der Name „Suppenwurzel" betont ihre Wichtigkeit.

Wofür ich gut bin: Petersilie regt den Appetit an, fördert die Verdauung und wirkt harntreibend und krampfstillend. Das Kauen frischer Petersilie hilft gegen Mundgeruch.

Mama mag keinen Käse, Papa keinen Salat, mein Bruder nichts Süßes, ich keinen Spinat. Wir alle jedoch mögen Petersilie – wir sind eine ganz normale Familie.

Sauerampfer

Rumex acetosa

Familie: Knöterichgewächse

Ich heiße auch: **Kleiner und Großer Sauerampfer, Wiesen-Sauerampfer**

Wo ich zu Hause bin: Er wächst auf Wiesen und Böschungen und wird vor der Blüte gesammelt. Für die hier beschriebene **Sauerampfersuppe brauchst du:**

1 Esslöffel Butter | 1 Esslöffel Mehl | 1 Liter Gemüsebrühe | zwei Handvoll Sauerampferblätter. Kein Salz!

A B C D E F G H I J K L M N O P Q R S

Was kommt in die Suppe?

Oder passen manche Kräuter

Was gehört in den Salat?
und Gewürze in beide Speisen?
Veilchen=blatt
Zwiebel
Schafgarbe
Ringelblume
Liebstöckl
Bohnenkraut
Löwenzahn
Kerbel
Muskatnuss
Pfeffer
Schmeckt sooo frisch
vor dem Servieren dazu
wunderschön und süß
ich will dabei sein
Knoblauchersatz
nur manche Esser mögen mich im Salat
gibt eine frisch-herbe Note
Schaut nicht nur hübsch aus
möglichst hell früh im Frühling
bin ich besonders mild
mit Blütenblättern dekorieren
schmeckt nicht nur in Senf und Essig
schmeckt herb
eine sehr preisgünstige Pflanze
mäßig verwenden
A B C D E F G H I J K L M N O P Q R S

„Aber in den Garten kann ich doch wohl gehen?“, erwiderte der Zwerg. „Sei so gut und schicke einen deiner Gesellen zum Aufseher des Palastes und frage, ob ich nicht in den Garten gehen und Kräuter Suchen dürfe?“

Der Türhüter tat also, und es wurde erlaubt. Denn der Garten hatte hohe Mauern, und es war an kein Entkommen daraus zu denken.

Als aber Nase mit der Gans Mimi ins Freie gekommen war, setzte er sie behutsam nieder, und sie ging schnell vor ihm her dem See zu, wo die Kastanien standen. Er folgte ihr nur mit beklommenem Herzen, denn es war ja seine letzte, einzige Hoffnung. Fand sie das Kräutlein nicht, so stand sein Entschluss fest, er stürzte sich dann lieber in den See, als dass er sich köpfen ließ.

Die Gans suchte vergebens, sie wandelte unter allen Kastanien, sie wandte mit dem Schnabel jedes Gräschen um, es wollte sich nichts zeigen, und sie fing aus Mitleid und Angst an zu weinen, denn schon wurde der Abend dunkler und die Gegenstände umher waren schwerer zu erkennen.

Da fielen die Blicke des Zwerges **über den See hin**, und plötzlich rief er: „Siehe, siehe, dort über dem See steht noch ein großer, alter Baum. Lass uns dorthin gehen und suchen, vielleicht blüht dort mein Glück.“

Die Gans hüpfte und flog voran, und er lief nach, so schnell seine kleinen Beine konnten. Der Kastanienbaum warf einen großen Schatten, und es war dunkel umher, fast war nichts mehr zu erkennen. Aber da blieb plötzlich die Gans stille stehen, schlug vor Freuden mit den Flügeln, fuhr dann schnell mit dem Kopf ins hohe Gras und pflückte etwas ab, das sie dem erstaunten Nase zierlich mit dem Schnabel überreichte und sprach: „Das ist das Kräutlein, und hier wächst eine Menge davon, so dass es dir nie daran fehlen kann.“

Der Zwerg betrachtete das Kraut sinnend. **Ein süßer Duft strömte ihm daraus entgegen**, der ihn unwillkürlich an die Szene seiner Verwandlung erinnerte. Die Stängel, die Blätter waren bläulichgrün, sie trugen eine brennend rote Blume mit gelbem Rande.

„Gelobt sei Gott!“, rief er endlich aus. „Welches Wunder! Wisse, **ich glaube, es ist dies dasselbe Kraut, das mich aus einem Eichhörnchen in diese schändliche Gestalt umwandelte**. Soll ich den Versuch machen?“ „Noch nicht!“, bat die Gans. „Nimm von diesem Kraut eine Handvoll mit dir, lass uns auf dein Zimmer gehen und dein Geld, und was du sonst hast, zusammenraffen, und dann wollen wir die Kraft des Krautes versuchen.“ Sie taten also und gingen auf seine Kammer zurück, und das Herz des Zwerges pochte hörbar vor Erwartung. Nachdem er fünfzig oder sechzig Dukaten, die er erspart hatte, einige Kleider und Schuhe zusammen in ein Bündel geknüpft hatte, sprach er: „So es Gott gefällig ist, werde ich diese Bürde los werden“, **steckte seine Nase tief in die Kräuter** und sog ihren Duft ein.

Lies weiter auf Seite 94.

Schnupfen **Lavendel**, **Quendel**, **Ringelblume** und **Zwiebel** sind vielseitige Kräuter, aber sie helfen auch sehr gut gegen Schnupfen. Am besten trinkst du Quendel und Ringelblume vorbeugend das ganze Jahr über als Tee, nimmst die Zwiebel zum Kochen und das Lavendelöl in der Duftlampe. Wenn allerdings der Schnupfen schon in der Nase sitzt, dann kommt der Zwiebelsaft zum Einsatz.

Lavendel (Seite 39 und 61)

Die entzündungshemmende Wirkung des Lavendels macht dies Pflanze zu einem guten Schnupfenmittel. Ein paar Tropfen ätherischen Öls in die Duftlampe beruhigt nicht nur die Atemwege.

Quendel

Thymus serpyllum

Familie: Lippenblütler

Ich heiße auch: **Kinderkraut, Kückenkümmel, Marienbettstroh**

Wo ich zu Hause bin: Quendel ist in ganz Europa auf mageren Böden ohne hohen Bewuchs zu finden, z.B. auf Bahndämmen, Feldrainen und trockenen Waldrändern. Seine leuchtenden, duftenden Blütenkissen sind eine Bienenweide.

Besonders gut schmecke ich so: Quendel wird wie Thymian für Fleischgerichte verwendet, auch für Marinaden, Salate und als Tee.

Wofür ich gut bin: Quendel desinfiziert, stärkt die Nerven und löst Krämpfe.

Im Volksglauben spielte der Quendel eine Rolle als Dämonen abwehrende Pflanze. Heute hängt noch ein Kranzel von geweihtem Quendel in Stall, Scheune und Wohntrakt von so manchem Bauernhaus, damit der Blitz nicht einschlage und sonstiges Unheil verhütet werde.

Ringelblume

Calendula officinalis

Familie: Korbblütler

Ich heiße auch: **Butterblume, Goldrösl, Studentenblume, Ringelrose, Regenblume**

Wo ich zu Hause bin: Die Ringelblume ist in Europa und Westasien weit verbreitet und wächst in Gärten, auf Schutt, auf Friedhöfen.

Die Ringelblumen mit ihren wunderschönen Blüten blühen lang und unermüdlich.

Wofür ich gut bin: Die Ringelblume fördert die Wundheilung, hemmt innerlich und äußerlich Entzündungen und wirkt krampflösend. Sie wird als Tee und häufig als Salbe (beides aus Blüten – frisch geschnitten, aber auch getrocknet – und Blättern) angeboten. Auch für Waschungen ist Ringelblume gut, zum Beispiel nach einem Sonnenbrand. Zusammen mit Käsepappel ergibt Ringelblume einen den Magen beruhigenden Tee. Und sie verbessert als Pflanzenjauche auch die Bodengesundheit.

Die Ringelblume gilt als **Regenanzeiger**. Ist sie am Morgen nach 7 Uhr noch geschlossen, kommt noch am gleichen Tag Regen!

A B C D E F G H I J K L M N O P Q R S

Zwiebel

Allium

Familie: Liliengewächse

Ich heiße auch: **Bolle, Zippel, Zwaibel, Zibel**
Wo ich zu Hause bin: Die Zwiebel kommt ursprünglich aus den Steppen Innerasiens und wird heute in ganz Mitteleuropa angebaut.
Besonders gut schmecke ich so: Die Zwiebel gilt als wichtigstes Würzgemüse der Welt. Man kann sie roh und gekocht verwenden und sie passt überall dazu, auch wenn sie im Salat Geschmackssache ist.
Wofür ich gut bin: Der heilkräftige Pflanzenteil ist die unter der Erde wachsende Zwiebelknolle mit den übereinander liegenden Häuten. Ihr Saft regt den Appetit an, stärkt die Nerven, entgiftet, fördert die Verdauung und wirkt blutreinigend und krampflösend. Sie regt zum Weinen an, das ist wichtig nach Augenentzündungen und sie ist auch ein gutes Hustenmittel. Der hier gezeigte Zwiebelsaft hilft gegen Schnupfen und gegen Husten. Dieses einfach herzustellende Hausmittel wird so gemacht:

Zwiebel-Husten- und Schnupfensaft

Zweisprachig

Jeder nennt meine Mama „Cipolla“.
(Übersetzt heißt das einfach: Zwiebel.)
Sie nimmt das den Leuten nicht übel.
Meine Mama nennt mich „Cipollino“.
(Übersetzt heißt das einfach: Zwiebelchen!)
Ich nehm ihr das auch nicht übelchen.

Scharf!!

Wenn man an etwas Scharfes denkt, fällt einem natürlich zuerst der **Pfeffer** ein. Aber auch andere Gewürze verleihen den Speisen Schärfe, zum Beispiel **Ingwer** (Seite 104) und auch **Chili**schoten, aber auch eine Pflanze, der man den pfefferigen Geschmack nicht ansieht, nämlich das **Bohnenkraut**.

Bohnenkraut

Satureja hortensis

Familie: Lippenblütler

Ich heiße auch: **Saturei, Pfefferkraut, Suppenkräutel, Schmöcherli, Fleischkräutel**

Wo ich zu Hause bin: Bohnenkraut stammt ursprünglich aus den Ländern rund ums Mittelmeer. Bei uns wird es als Gewürzpflanze kultiviert. Es ist wärmebedürftig und frostempfindlich und braucht kalkhaltigen Boden. Es gibt einjähriges und zweijähriges Bohnenkraut.

Es ist ein buschig verzweigter Strauch, am Grunde verholzend, der schmale, stumpfe Blätter hat. Die unscheinbaren Blüten sind eine gute Bienenweide.

Besonders gut schmecke ich so: als Würze bei Bohnen-, Linsen- und Erbsengerichten, auch bei Schafbraten, Kaninchen- oder Hasenbraten. Geruch und Geschmack sind pfefferartig, deshalb kann Bohnenkraut auch statt Pfeffer verwendet werden.

Wofür ich gut bin: als Tee gegen Magen- und Darmkrämpfe empfohlen. Bohnenkraut ist auch ein gutes Hustenmittel.

Pfeffer

Piper nigrum

Familie: Pfeffergewächse

Wo ich zu Hause bin: Die Beerenfrüchte der immergrünen Pfefferpflanze sind in Indien heimisch und klettern bis zu 6m an Bäumen oder Stützpfählen hoch. Pfeffer wächst jedoch auch in Indonesien, Malaysien, Sri Lanka, Brasilien und Madagaskar. Je nach Reifegrad unterscheiden wir schwarzen, weißen und grünen Pfeffer.

Besonders gut schmecke ich so: Pfefferkörner werden für Marinaden aller Art, für Fischsud, Saucen, Fleischgerichte und zur Wurstbereitung gebraucht. Gemahlener Pfeffer ist ein Universalgewürz für Suppen, Saucen, Fisch, Fleisch, Gemüse und Salate.

Redewendungen:

Geh hin, wo der Pfeffer wächst!
Gepfeffert und gesalzen!
Da liegt der Hase im Pfeffer!

Rätsel

Wo liegt der Hase?
Im Treffer?
Im Kläffer?
Oder im . . . . (Pfeffer)

A B C D E F G H I J K L M N O P Q R S

Aus der Würzgeschichte des Pfeffers

Pfeffer war zur Zeit des arabischen Gewürzhandels der Sammelbegriff für alle exotischen Gewürze. Die Araber aus den Gewürzkönigreichen um Saba, der **„Arabia Felix“**, versorgten das Abendland mit dem kostbaren Gewürz.

Damals entwickelte sich das ägyptische **Alexandria** zum wichtigsten Pfefferstapelplatz der Welt.

Die Handelsschiffe der italienischen Hafenstädte Venedig, Genua, Pisa und Livorno brachten dann den Pfeffer nach Europa und wurden auf diese Weise zu **Pfeffermetropolen** (Venedig hatte zu dieser Zeit eine Handelsflotte von 3000 Schiffen).

Erst als der portugiesische Seefahrer **Vasco da Gama** auf seinen Entdeckungsreisen 1498 an der afrikanischen Westküste Pfeffer fand und mit reicher Gewürzladung zurückkehrte, begann der Stern der italienischen Pfeffermetropolen zu sinken.

Bald breitete sich der Pfefferanbau auch in anderen tropischen Ländern aus. Das konnte allerdings Spekulationen und Preisdiktate nicht verhindern. Nach den Portugiesen, die zeitweilig mit einem Preisaufschlag von 600% kalkulierten, traten die **Holländer** auf den Plan und erhöhten den Pfeffergewinn auf 1000%.

Die **Engländer** konnten sich ein so gutes Geschäft nicht entgehen lassen – auch bei ihnen gab der Pfeffer den Ausschlag zu kolonialen Eroberungszügen. Sie nahmen den Holländern ihre indischen Besitzungen ab und verdrängten die Amsterdamer „Pfeffersäcke“ bei der erstbesten Gelegenheit ganz aus Ostasien. Sie gründeten den Hafen von Penang, der sich bald zu einem der bedeutendsten Pfefferhäfen der Welt entwickelte.

Gegen Ende des 18. Jahrhunderts kehrte der amerikanische Seefahrer Captain **Jonathan Carnes** mit einer großen Pfefferladung von Sumatra zurück. In den folgenden Jahren entspann sich zwischen Sumatra und den USA ein reger Pfefferhandel, der 1805 mit einem Import von knapp 4 Millionen Kilo seinen Höhepunkt erreichte. 1873 fand die letzte Pfefferfahrt statt. Die Insulaner wollten keinen Pfeffer mehr verkaufen, und außerdem machten die Piraten den Amerikanern das Leben schwer.

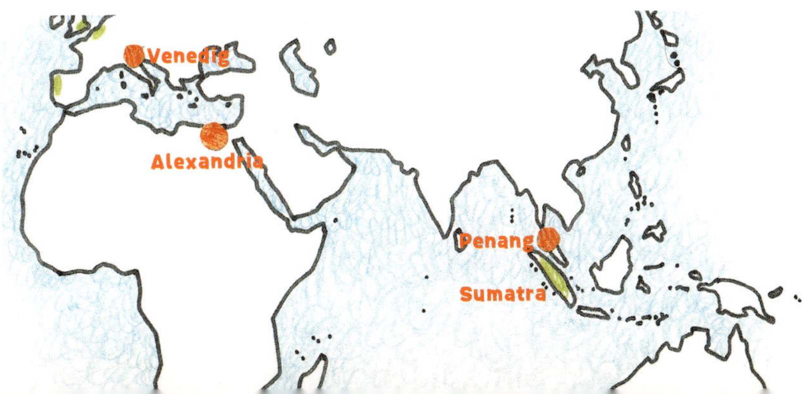

Da zog und knackte es in allen seinen Gliedern, er fühlte, wie sich sein Kopf aus den Schultern hob, er schielte herab auf seine Nase und sah sie kleiner und kleiner werden, sein Rücken und seine Brust fingen an, sich zu ebnen, und seine Beine wurden länger.
Die Gans sah mit Erstaunen diesem allem zu. **„Ha! Wie du groß, wie du schön bist!"**, rief sie. „Gott sei gedankt, es ist nichts mehr an dir von allem, was du vorher warst!"
Da freute sich Jakob sehr, und er faltete die Hände und betete. Aber seine Freude ließ ihn nicht vergessen, welchen Dank er der Gans schuldig sei. Zwar drängte ihn sein Herz, zu seinen Eltern zu gehen, doch besiegte er aus Dankbarkeit diesen Wunsch und sprach: „Wem anders als dir habe ich es zu danken, dass ich mir selbst wiedergeschenkt bin? Ohne dich hätte ich dieses Kraut nimmer gefunden, hätte also ewig in jener Gestalt bleiben oder vielleicht gar unter dem Beile des Henkers sterben müssen. Wohlan, ich will es dir vergelten. Ich will dich zu deinem Vater bringen. Er, der erfahren ist in jedem Zauber, wird dich leicht entzaubern können."

Die Gans vergoss Freudentränen und nahm sein Anerbieten an. Jakob kam glücklich und unerkannt mit der Gans aus dem Palast und machte sich auf den Weg nach dem Meeresstrand, **Mimis Heimat**, zu.

Was soll ich noch weiter erzählen, dass sie ihre Reise glücklich vollendeten, dass Wetterbock seine Tochter entzauberte und den Jakob, mit Geschenken beladen, entließ, dass er in seine Vaterstadt zurückkam und dass seine Eltern in dem schönen jungen Mann mit Vergnügen ihren verlorenen Sohn erkannten, dass er von den Geschenken, die er von Wetterbock mitbrachte, sich einen Laden kaufte und reich und glücklich wurde?

Nur so viel will ich noch sagen, dass nach seiner Entfernung aus dem Palaste des Herzogs große Unruhe entstand. Denn als am anderen Tage der Herzog seinen Schwur erfüllen und dem Zwerg, wenn er die Kräuter nicht gefunden hätte, den Kopf abschlagen lassen wollte, war er nirgends zu finden. Der Fürst aber behauptete, der Herzog habe ihn heimlich entkommen lassen, um sich nicht seines besten Kochs zu berauben, und klagte ihn an, dass er wortbrüchig sei. Dadurch entstand denn ein großer Krieg zwischen beiden Fürsten, der in der Geschichte unter dem Namen „Kräuterkrieg" wohl bekannt ist. Es wurde manche Schlacht geschlagen, aber am Ende doch Friede gemacht, und diesen Frieden nennt man bei uns den „Pastetenfrieden", weil beim Versöhnungsfest durch den Koch des Fürsten die Souzeraine, die Königin der Pasteten, zubereitet wurde, welche sich der Herr Herzog trefflich schmecken ließ.

So führen oft die kleinsten Ursachen zu großen Folgen.

Ende

Suchaktionen – mit Kräutern garniert

Welche Nuss verwendet man zum Würzen?
- Walnuss
- Erdnuss
- Muskatnuss
- Haselnuss

Welcher Mantel hängt nicht im Kleiderkasten?
- Wintermantel
- Lodenmantel
- Regenmantel
- Frauenmantel

Welches Kraut ist eine Heilpflanze?
- Sauerkraut
- Tausendguldenkraut
- Blaukraut
- Rotkraut

Was findest du nicht im Erste-Hilfe-Kasten?
- Wundpflaster
- Verband
- Salbe
- Augentrost

Weih sucht Rauch
Schnitt sucht . . . . (Lauch)

Peter sucht Silie
Feuer sucht . . . . (Lilie)

Salb sucht Ei
Gries sucht . . . . (Brei)

Pfeffer sucht Minz
Märchen sucht . . . . (Prinz)

Brot sucht Krume
Ringel sucht . . . . (Blume)

Sauer sucht Ampfer
Donau sucht . . . . (Dampfer)

Lieb sucht Stöckel
Woll sucht . . . . (Söckel)

Eisen sucht Bahn
Löwe sucht . . . . (Zahn)

Hexe sucht Kraut
und fährt aus der . . . . (Haut)

Sammeln

Vom Frühling bis zum Herbst werden wir mit üppig wuchernden Kräutern beschenkt. Manche wachsen nur zu einer bestimmten Jahreszeit, zum Beispiel der Frühlingsbote Bärlauch, andere wiederum gedeihen das ganze Jahr über, zum Beispiel die Brennessel. Aber der **Winter** ruft sie alle unter die Erde zurück oder lässt die Samen ruhen, damit sie im nächsten Jahr keimen und wachsen können.

Damit aber immer Kräuter für den Tee oder Gewürze fürs Kochen vorhanden sind, sammeln wir sie, zum Trocknen und zum Dörren.

Gesammelt wird nur, wenn das Wetter gut ist, wenn die Sonne scheint und die Kräuter trocken sind. Dann werden diejenigen Pflanzenteile gepflückt, die verwendet werden, bei der Ringelblume die Blütenköpfe, beim Augentrost das ganze blühende Kraut. Man achtet darauf, dass die Wurzeln bei mehrjährigen Kräutern wie dem Bärlauch in der Erde bleiben und dass bei den einjährigen immer ein paar Pflanzen stehen bleiben, damit Samen abfallen und sich vermehren können. Wir wollen ja vielleicht im nächsten Jahr wieder sammeln gehen.

Du pflückst die Kräuter am besten **mit der Hand**, für die Brennesseln ziehst du dicke Handschuhe an. Nur wenn´s nötig ist, nimmt man die Schere zu Hilfe. Zum Transportieren bis in die Küche eignen sich **Körbe**, auch Papiersäcke kannst du nehmen. Nur wenn du die Kräuter frisch verwenden willst, eignet sich auch ein Plastiksack. In dem bleiben sie einen Tag länger frisch, weil sie die Feuchtigkeit nicht verlieren.

Du kannst die Kräuter auch zu einem Strauß zusammenbinden – so kannst du sie dann gleich zum Trocknen aufhängen.

Wenn du auch **im Winter „frische" Kräuter** zum Kochen möchtest, dann kannst du sie in kleinen Portionen in Frischhaltesäckchen oder in größeren Behältern einfrieren. Erst zum Servieren nimmst du dann zum Beispiel die Petersilie aus der Packung und streust sie auf die Suppe oder das auf dem Teller wartende Essen.

Trocknen

Damit auch im Winter Tee und Gewürze zur Verfügung stehen, werden sie in der warmen Jahreszeit getrocknet. Man legt **Vorräte** an.

Das **Trocknen an der Luft** spart Energie, die Kräuter werden im Schatten aufgehängt. Wenn man die Blütenblätter mittrocknen will, dann stülpt man einen Papiersack über das aufgehängte Pflanzenbüschel. Ist alles trocken, streift man die Blätter (und die Blüten) von den Stängeln in eine Schüssel und bewahrt dann das Kraut in einem verschließbaren Glas oder in einem Papiersack auf.

Zwiebeln hängt man auf, indem man ihr Laub zu Zöpfen flicht. So sind sie luftig aufbewahrt, gleichzeitig kann man jederzeit eine Zwiebel zum Kochen abschneiden.

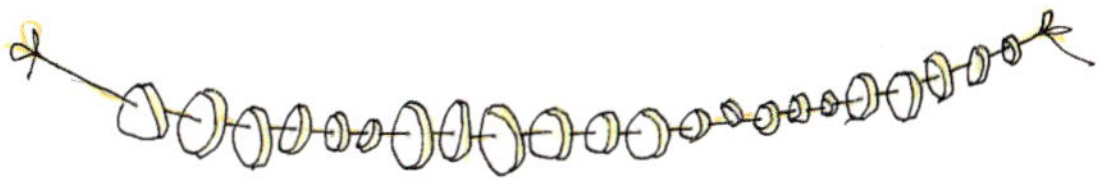

Wurzeln kann man zum Trocknen an der Luft auf einer Schnur auffädeln. Wenn du dafür nicht genug Platz hast oder es schneller gehen soll, dann kannst du die Wurzeln auch im Backrohr trocknen. Erst werden sie gesäubert, dann in Scheiben geschnitten, auf einem Backblech ausgelegt und bei etwa 60 Grad völlig getrocknet. Dann füllst du sie in ein sauberes Glas oder in einen Papiersack zum Aufbewahren.

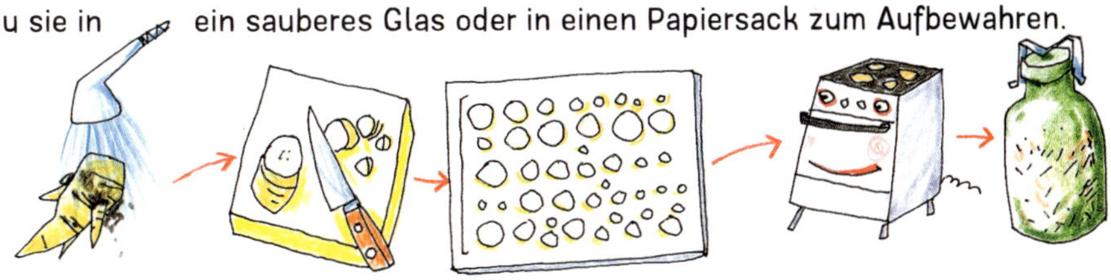

Früchte werden gedörrt, dazu gehören auch die Beeren des Wacholder. Im Backrohr oder im Dörrapparat wird ihnen bei geringer Hitze schonend die Feuchtigkeit entzogen.

Und **Blütenköpfe** genauso wie **Samen** werden auf Papier ausgebreitet, immer wieder ein bisschen gewendet, sodass sie gut durchtrocknen, ohne zu verderben. Blütenköpfe kannst du auch in ein Gitter gesteckt trocknen. So bleiben sie sehr schön.

träumen

Tausendfüßler tanzt auf getoasteten Tomaten.

Das teuerste Gewürz der Welt

Safran *Crocus sativus*

Familie: Schwertliliengewächse

Ich heiße auch: Herbstsafran, Saffernblume, Zafferan, Zaffran

Das Gewürz sind die Narben und Griffel des frisch erblühten Safrankrokus, also ein extrem kleiner und leichter Teil der Safranpflanze. Deshalb ist Safran das teuerste Gewürz der Welt: Für 1 kg Safran müssen bis zu 200.000 Narben gesammelt werden. Und zwar in Handarbeit!

Erinnerst du dich, dass im Lied „Backe backe Kuchen“ auch vom Safran die Rede ist? In diesem Lied wird beschrieben, was der Safran am offensichtlichsten in einer Speise bewirkt: „Safran macht den Kuchen geel“.

Ich komme aus dem Orient
und schmecke aromatisch.
Ich färbe jede Speise gelb,
das ist Koch und Bäcker sympathisch.

Backe, backe Kuchen!

Unglaublich vielblättriges Tausendsassakraut

Millesassa incredibilis

Familie: Nonsensien

Ich heiße auch: Schräge Lillis, Nonsens-Edelrübe, Natalienwurz

Wo ich zuhause bin: Es wächst nur hinter dem Mond. – Einzige Ausnahme: Mit der Gans Mimi könntest du das Kraut auch unter dem großen Kastanienbaum finden – allerdings nur bei Neumond.

Wofür ich gut bin:

Macht Unmögliches möglich! Über Nacht bist du von der bleiernen Schwerkraft befreit. Du kannst plötzlich auf Stelzen gehen, weiter springen als ein Känguru und mit Drachen um die Wette fliegen.

Unglaublich!

A B C D E F G H I J K L M N O P Q R S T U

Viele früher als **Unkraut** bezeichnete Pflanzen besitzen eine versteckte Heilwirkung. Denk nur an das **Gänseblümchen** (Seite 45) oder den Allrounder **Gundelrebe** (Seite 12) mit seinen langen Trieben! Hirtentäschel, Spitzwegerich, Schafgarbe, Brennessel, sie alle wachsen „wie Unkraut". Diese Pflanzen werden heute als Beikräuter oder Wildkräuter bezeichnet. Sie sind nahrhaft für die Tiere und ihre Blüten erfreuen unser Auge.

Hirtentäschel

Capsella bursa-pastoris

Familie: Kreuzblütler

Ich heiße auch: **Herzerlkraut, Kochlöffel, Löffeldieb, Gänsekresse**

Wo ich zu Hause bin: Hirtentäschel wächst in ganz Europa – auf Wiesen, Brachland, Feldern, Böschungen. Es ist eine Pionierpflanze, das heißt es besiedelt Böden ohne Pflanzen als eine der ersten. Hirtentäschel ist also sehr genügsam.

Wofür ich gut bin: Durch seine gefäßverengenden und gefäßverdichtenden Eigenschaften ist Hirtentäschel ein gutes Blutstillmittel. Es wirkt außerdem kreislaufausgleichend und blutreinigend.

Löwenzahn

Taraxacum officinale

Familie: Korbblütler

Ich heiße auch: **Augenwurz, Saurüssel, Kuhlattich, Hundszahnkraut, Maienschöpfel**

Wo ich zu Hause bin: Löwenzahn findet man wildwachsend überall, vor allem auf gedüngten Wiesen und an Wegrändern. Er ist weltweit verbreitet. Typisch für ihn ist der weiße Milchsaft in den Röhrenstängeln.

Besonders gut schmecke ich so: Die zarten, inneren Blätter gibt man zu Frühlingssuppen, Salaten, Kräutersaucen und gegrilltem Fleisch. Er ist leicht bitter, deshalb wird er oft gebleicht.

Wofür ich gut bin:
Als Tee und auch als Saft regt Löwenzahn den Appetit und die Verdauung an, wirkt schweißtreibend und stärkend.Löwenzahnsirup aus den Blüten ist ein gutes Mittel gegen Husten, Heiserkeit und Halsweh. Die Bitterstoffe wirken auf Leber und Galle.

Uno due tre

Spaghetti patate caffè
Spaghetti patate caffè
uno due tre

VAm schönsten ist das Leben in seiner ganzen **Vielfalt**, wenn alles seinen Platz bekommt: der Augentrost und der Apfelwickler, der Zimt und der Zeisig – und jeder einzelne von uns, du und auch ich.

Von weit her Viele unserer Gewürze sind weit gereist, zum Beispiel **Pfeffer** (Seite 92) und **Gewürznelken** (Seite 110), **Curry**, **Ingwer** und **Muskatnuss**. Auch andere Kräuter sind eingewandert, sind also nicht ursprünglich heimisch in Mitteleuropa, zum Beispiel **Basilikum** und **Rosmarin** (Seite 14).

Ingwer

Zingiber officinale

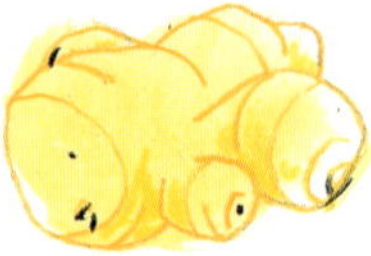

Familie: Ingwergewächse

Ich heiße auch: **Imber, Immerwurzel**

Wo ich zu Hause bin: Ingwer stammt ursprünglich aus Südostasien und wächst heute in allen Tropengebieten der Welt. Das Gewürz ist der Wurzelstock, auch „Hand" genannt. Er kann tatsächlich etwa handgroß sein, mit verquollenen Fingern, und gehört zur Familie der Gewürzlilien.

Besonders gut schmecke ich so: Als Gewürz wird Ingwer bei uns immer beliebter, z.B. kandierter Ingwer und Ingwertee. Weit größere Verbraucher sind allerdings die Engländer und Nordamerikaner, die Ginger Beer, Ginger Ale und Ginger Bread (Bier und Kekse | Kuchen mit Ingwer-Geschmack) sehr schätzen.

Wofür ich gut bin: Ingwer hilft gegen Reisekrankheit – als Bonbon zum Lutschen.

Currypulver

Wo ich zu Hause bin: Die Bezeichnung Curry stammt wahrscheinlich von dem südindischen, tamilischen Wort **„kari"** = Sauce.

Besonders gut schmecke ich so: Curry bedeutet in Indien zunächst einmal ein Gericht, kein Gewürz. Für jedes Gericht wird auch heute noch eine individuelle Curry-Mischung selbst hergestellt und gemahlen und besteht aus einer Vielfalt von Gewürzen.

Unser gebräuchliches Currypulver ist mit der indischen Küche nur entfernt verwandt. Es ist eine einfachere Fertigmischung, die hauptsächlich aus dem lichtempfindlichen Kurkuma (Gelbwurz) besteht, dem es seine Farbe verdankt. Immerhin: Einen Hauch von Exotik kann Curry schon in den Küchenalltag bringen.

Ein Curry **kann** (zumindest) aus diesen Bestandteilen in jeweils anderer **Mischung** bestehen:

Muskatnuss *Myristica fragrans*

Familie: Muskatnussgewächse

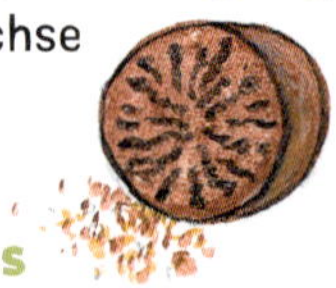

Ich heiße auch:
Bandanuss, Suppennuss

Ich bin – ganz ehrlich! – eine harte Nuss,
doch als Würze – frisch gerieben – ein Hochgenuss.
Meine Heimat sind die Molukken.
Wo die sind? Mein Tipp: Auf die Landkarte gucken!

Ohne **Wasser** – kein Leben!
Wie herrlich doch ein Glas
frisches Wasser in der Sommerhitze
schmeckt – ob aus der Wasserleitung,
dem Brunnen oder der Zisterne.
Um Wasser wird in manchen Ländern
immer wieder gestritten,
manchmal sogar gekämpft.
Und in manchen trockenen Gebieten
wie z.B. in Afrika müssen die Menschen
stundenlange Fußmärsche auf sich nehmen,
um Wasser für ihr Leben zu bekommen.

Wunden

Es gibt unter den Kräutern einige wunderbare Wundmittel, aber Arnika ist wohl das Bekannteste.

Arnika *Arnica montana*

Familie: Korbblütler

Ich heiße auch: **Bergwurz, Engelkraut, Gamsbleaml, Kathreinwurz**
Wo ich zu Hause bin: Arnika liebt ungedüngte, lichte Wiesen in Wäldern und auf Almen.
Wofür ich gut bin: Arnika ist ein gutes Wundmittel. Es ist entzündungshemmend, wird dadurch zum Desinfizieren verwendet und beschleunigt die Heilung. Bei Blutergüssen, Prellungen, Rheuma- und Gelenksschmerzen wird Arnika als Tinktur eingesetzt. Auch bei offenen Wunden, obwohl es da höllisch brennt! Als Tee wirkt Arnika auch krampflösend und regelt den Kreislauf.

Achtung: Es kann allerdings allergische Reaktionen auslösen (auch beim Pflücken)!

Geschützte Pflanze!

A B C D E F G H I J K L M N O P Q R S T U V W

Weiblich:

Sobald die Pubertät beginnt, werden die Kräuter für Mädchen hilfreich und wichtig. Sie helfen gegen Krämpfe und Müdigkeit, Unwohlsein und Unlust. Aber sie tun auch schon davor ihre wohltuende Wirkung!

Frauenmantel *Alchemilla vulgaris*

Familie: Rosengewächse

Ich heiße auch: **Frauenmäntli, Löwenfußkraut, Tauschüsserl, Jungfernmantel**

Wo ich zu Hause bin: Die Pflanze wächst auf feuchten Böden in ganz Europa, besonders gern am Bachufer. Charakteristisch sind die gefalteten Blätter, die an einen Mantel erinnern. Die Blattoberfläche ist wasserabweisend, weshalb manchmal Wassertropfen wie Perlen auf den Blättern liegen.

Wofür ich gut bin: Frauenmantel ist ein gutes Wundkraut. Er wirkt blutstillend, stopfend und zusammenziehend. Als Tee (oder Saft) wird er auch gegen Fettleibigkeit eingesetzt und als Badezusatz für Kleinkinder wegen seiner muskelstärkenden Wirkung.

Er wird auch als „Frauenkraut" bezeichnet, weil er bei Monatsblutungen und im Klimakterium hilft.

Weiters fördert und erleichtert er Geburten.

Quecke *Agropyron repens*

Familie: Süßgrasgewächse

Ich heiße auch: **Flechtgras, Graswurzel, Hundsgras, Zwecke(n)**

Wo ich zu Hause bin: Die Quecke wächst in ganz Europa, an Wegen, auf Wiesen, in Getreideäckern und in Gärten.

Wofür ich gut bin: Queckentee wirkt blutreinigend und harntreibend. Als Presssaft hilft er bei allen Krankheitserscheinungen, die auf einem Mangel an Mineralstoffen und Vitaminen beruhen (bei Ekzemen, Entzündungen, Störungen im Stoffwechsel). Auf Grund des hohen Kieselsäuregehalts ist er ein ausgezeichnetes Lungenmittel. Quecke wird auch für Sitzbäder empfohlen.

Lautgedicht

w - www
ww - ww - wild
w - ww - www
world-wide-web
w - ww - wann
ww - wo - ww - wie
ww - weiblich
w - w - wahnsinn!

wunderbar

Schafgarbe
Achillea millefolium
Familie: Korbblütler

Ich heiße auch:
Bauchwehkraut, Blutstillkraut, Fasankraut, Frauendank, Grillengras, Margaretenkraut
Wo ich zu Hause bin: Du findest mich über ganz Europa bis zum Polarkreis verbreitet, auf Wiesen und Weiden, auf Weg- und Ackerrändern, einzeln und gesellig.
Wofür ich gut bin: Keine anderen Heilpflanzen – ausgenommen die Kamille – vereinen so viele und so wirkungsvolle Heilkräfte in sich wie die Schafgarbe. Sie wirkt blutstillend, stärkt die Widerstandskraft, ist günstig für Abheilungen von Entzündungen, behebt die Appetitlosigkeit und beseitigt Stauungen und Störungen der Leber. Sie kann für Frauen nicht genug empfohlen werden.

Gänsefingerkraut
Potentilla anserina
Familie: Rosengewächse

Ich heiße auch:
Dreckkraut, Gänserich, Krampfkraut, Martinshand, Sauringel, Silberkraut
Wo ich zu Hause bin: Gänsefingerkraut hat am liebsten Wegränder und Schuttplätze, es ist ein Stickstoffanzeiger.
Wofür ich gut bin: Das Gänsefingerkraut ist verwandt mit der Tormentillwurzel und ist – wie diese – ausgesprochen krampflösend, bei Muskelkrämpfen aller Art. Bei krampfartigen Nervenleiden und bei Durchfall kann eine Teemischung von Gänsefingerkraut, Rosmarin und Baldrianwurzeln wohltuende Hilfe bringen.

Xundbleib-Kraut

Narrissimus manens

Familie: Lachgewächse

Ich heiße auch: Flunkerwurz, Münchhausenblume

Wo ich zu Hause bin: Wächst überall rund um Luftschlösser, sollte im Morgengrauen des 1. April, notfalls auch davor und danach geerntet werden.

Wofür ich gut bin:

Das Xundbleib-Kraut hilft gegen Humorlosigkeit und wirkt wider den tierischen Ernst. Es vermehrt Lachfalten, bekämpft Kummerspeck und vertreibt Kummerfalten. Es wirkt ähnlich wie „narrische Schwammerl" (verrückte Pilze).

Über Wirkung und Nebenwirkungen geben die Autorinnen dieses Buches Auskunft!

Yin und Yang sind nie einer Meinung.
Wenn Yin „heiß" sagt, sagt Yang „kalt".
Beides ist richtig, beides ist wichtig:
für die Blumen in der Vase das kalte Wasser,
für den Tee im Kessel das heiße.

Zeit
Wartest du auf den Bus, dehnen sich Minuten zu Stunden.
Bist du mit Freunden ins Spiel vertieft,
vergeht die Zeit im Handumdrehen.
Und doch dauert jede Minute gleich lang.

Zimt & Co. – die Süßen

Das sind die Gewürze, die von weit her kommen, um unsere süßen Gerichte bereichern. Am Beginn des Gewürzhandels haben sie ganze Handelshäuser reich gemacht, wie etwa Pfeffer und **Gewürznelke**. **Vanille** und **Zimt** entwickeln ihr ganzes Aroma erst in Verbingung mit Zucker. **Anis** (Seite 22) ist auch beim Brotbacken beliebt und wird bei den Brotgewürzen genau beschrieben. **Ingwer** (Seite 104) ist bei uns zwar nicht ganz so üblich für Süßspeisen wie im englischsprachigen Raum, passt aber sehr gut zu Äpfeln und in Gewürzkuchen.

Gewürznelke

Eygenia canyophyllata

Familie: Ebenholzgewächse

Ich heiße auch: **Nelke, Nägelchen**

Wo ich zu Hause bin: Beheimatet auf den Gewürzinseln (Molukken), sind heute Sansibar und Pemba die Hauptlieferanten der Gewürznelken. Auf den beiden Inseln gibt es schätzungsweise 5 Millionen Nelkenbäume. Der 10 – 12m hohe immergrüne Nelkenbaum braucht zum Gedeihen feuchte Seeluft in der Nähe des Äquators.

Besonders gut schmecke ich so: Gewürznelken werden bei der Herstellung von Lebkuchen und Einmachwürze sowie bei der Zubereitung von Kompott und Pudding, Glühwein und Punsch verwendet.

Der Handel mit Gewürznelken

Im Altertum lieferten **malaiische Seefahrer** Gewürznelken und andere Gewürze **nach Ceylon** (dem heutigen Sri Lanka). Dort übernahmen **indische Händler** die Ware und segelten damit zu den Häfen am Roten Meer. Von hier aus kümmerten sich **arabische Händler** um den Weitertransport auf Karawanenstraßen.

Mehr als 14 Jahrhunderte lang wahrten die Araber **das einträgliche Monopol**, dann entdeckten die **Portugiesen** den Seeweg zu den Gewürzinseln und verdienten das Geld. Deren Monopol übernahmen in den Kolonialkriegen die **Holländer** und später die **Engländer**.

Die **Franzosen** brachen endlich das Monopol: Es gelang ihnen, auf ihren Inseln Réunion, Mauritius und Madagaskar Nelkenbäume anzupflanzen.

Tipp: Eine Orange mit Gewürznelken spicken, z.B. in der Vorweihnachtszeit. Wie gut das duftet! Überzeuge dich selbst!

Vanille *Vanilla planifolia*

Familie: Orchideen
Die „Königin der Gewürze“

Ich heiße auch: Bourbon-Vanille, Mexiko-Vanille

Wo ich zu Hause bin: Vanille ist die Kapselfrucht einer kletternden Orchideenpflanze in den tropischen Ländern Mittel- und Südamerikas. Die bis zu 25 cm langen schotenartigen Früchte werden kurz vor der Reife gepflückt. Nach einem Tauchbad in 60 Grad C heißem Wasser werden die Schoten einem Fermentierungsprozess unterworfen, der bis zu 7 Monate dauern kann. Dabei entwickelt sich der Würzstoff Vanillin. Die jetzt schwarzen Früchte werden dann sortiert, gebündelt und in verschlossenen Behältern exportiert. **Besonders gut schmecke ich so:** In Süßspeisen, Kompott, Backwerk und Kuchen schmeckt das feine Aroma der Vanille.

Zimt *Cinnamomum ceylanicum*

Familie: Lorbeergewächse

Ich heiße auch: Ceylonzimt, Chinazimt

Wo ich zu Hause bin: Zimt wächst auf den immergrünen Zimtbäumen auf Sri Lanka, dem früheren Ceylon. Das Gewürz besteht aus der inneren Rinde der Zweige.
Besonders gut schmecke ich so: gemahlener Zimt wird für die Weihnachtsbäckerei – zum Beispiel für Zimtsterne, für Lebkuchen und Kompotte verwendet und ganze Rindenstücke für Kompott.
Wofür ich gut bin: Bei Zuckerkrankheit (Diabetes) wird Zimt empfohlen.

Zimt und Gewürznelken schmecken in diesem **Apfelkompott** köstlich, probier´s doch aus! **Du brauchst:**
1kg Äpfel | 3 – 5 Gewürznelken | ein Stück Zimtrinde | 1l Wasser | 50g Zucker

A B C D E F G H I J K L M N O P Q R S T U V W X Y Z

Glossar

Absud (Aufguss) = Tee aus Blättern, Blüten oder ganzen Kräutern, z. B. Kamillenblüten, Melissen- oder Pfefferminzblätter, Odermennigkraut. Die Pflanzen werden mit kochend heißem Wasser übergossen. Zugedeckt lässt man den Tee 5–10 Minuten ziehen. Dann wird abgeseiht und der Tee getrunken.

Abkochung = Tee aus Samen, Rinden oder Wurzeln, z.B. Fenchel, Eichenrinde, Löwenzahnwurzel. Nach dem Zerkleinern (Zerschneiden der Wurzeln, Mahlen von Samen im Mörser) werden die Pflanzenteile aufgegekocht. Danach lässt man alles 10 Minuten ziehen, dann wird abgeseiht. Es gibt aber Ausnahmen (siehe Kaltansatz)!

Kaltansatz wird für **Tee aus Wurzeln** wie z.B. die Eibischwurzel verwendet, die nicht gekocht werden dürfen, weil sie sonst ihre Wirkstoffe verlieren. Die Wurzel wird über Nacht in Wasser kalt angesetzt, abgeseiht, dann leicht erwärmt getrunken.

Badezusatz kann auf zwei Arten hergestellt werden:
Entweder man kocht einen **Tee**, dieser wird abgeseiht dem Badewasser beigefügt.
Oder man nimmt das **ätherische Öl** der gewünschten Pflanze, tröpfelt es auf einen Löffel Salz oder einen Löffel Schlagobers, diese Mischung wird dem Badewasser beigegeben.

Heusack: Kräuter können auch trocken verwendet werden, zum Beispiel in einem Heusack. Dieser wird heiß aufgelegt bei Muskel- oder Gelenksschmerzen.

Öliger Auszug (kalt) z.B. von Johanniskraut: Dafür werden Blüten und Knospen des Johanniskrautes in ein Gefäß gegeben, leicht angedrückt und mit Olivenöl deckend übergossen. Das Glas bleibt 3–4 Wochen in der Sonne stehen, wird danach abgeseiht und der so entstandene ölige Auszug in einer dunklen Falsche aufbewahrt.

Öliger Auszug (warm): Es gibt Rezepte, wie man aus Pflanzen in Schmalz oder in Pflanzenöl einen heißen Auszug herstellt. Vorsicht: Fett spritzt! Nach dem Abgießen gibt man Bienenwachs dazu. Das ergibt eine gute Salbe bzw. einen guten Balsam.

Tinktur: Zum Herstellen einer Tinktur (oder von Tropfen) wird die Pflanze, z.B. Arnikablüten, in 80%igem Alkohol angesetzt. Das heißt, die Blütenköpfe werden in ein Gefäß geschichtet, mit dem Alkohol bedeckt und fest verschlossen. Nach drei Wochen wird alles filtriert und in einer dunklen Flasche aufbewahrt. Die Tinktur wird zum Einreiben verwendet.
Auf diese Art können auch Blätter, z.B. Melissenblätter oder auch Wurzeln, angesetzt werden.

Gerda Anger-Schmidt (Autorin) ✖ Renate Habinger (Illustratorin) ✖ Susanna Heilmayr (Komponistin/Arrangeurin)

Simsalabim Bamba Saladu Saladim

Nilpferdwalzer, Zungenschnalzer und viele andere Lieder

Kollektion zum Österreichischen Kinder- und Jugendbuchpreis | Kinder- und Jugendbuchpreis der Stadt Wien, Anerkennung ✖ »Das Buch mit dem unaussprechlichen Titel (der einem übrigens als Refrain begegnet) erweist sich nun als hochkarätige Fundgrube mit witzigen, schlauen, skurrilen, stimmungsvollen Liedern, teils vertaut, teils neu komponiert. (...) Dank dem Hintersinn und Witz von Renate Habingers Illustrationen lohnt sich das Buch auch einfach nur zum Anschauen.« **NZZ**

ISBN 978-3-7017-2042-2

EXTRA ERHÄLTLICH ist eine gleichnamige CD mit den 50 schönsten Liedern aus dem Buch! ISBN 978-3-7017-4001-7

Gerda Anger-Schmidt ✖ Renate Habinger

Muss man Miezen siezen?

Nominiert für die IBBY Honour List | Kollektion zum Österreichischen Kinder- und Jugendbuchpreis | Kinder- und Jugendbuchpreis der Stadt Wien | Schönstes Buch Österreichs | »Die besten 7« ✖ »Sprachspieler Christian Morgenstern und der schelmische Formulierer Joachim Ringelnatz haben in der Welserin Gerda Anger-Schmidt eine geniale Nachfahrin gefunden. (...) Dieses herrliche Buch, von Renate Habingers phantastisch-tierischen Illustration begleitet, sprengt jede Altersbegrenzung. Ein Genuss für Freunde von Wortverdrehern und Buchstabenjongleuren.« **OÖNachrichten** ISBN 978-3-7017-2009-5

Gerda Anger-Schmidt ✖ Renate Habinger

Neun nackte Nilpferddamen | Aller Unsinn macht Spaß

Nominiert für den Deutschen Jugendbuchpreis | Österreichischer Kinderbuchpreis, Kollektion | Empfohlen vom „Luchs" ✖ Mit den neun nackten Nilpferddamen haben sie sich eine große Fangemeinde geschaffen, zahlreiche Preise eingeheimst und vielen Kindern Freude an der Sprache vermittelt. Auch mit ihrem neuen Buch starten Gerda Anger-Schmidt und Renate Habinger ein Feuerwerk der Phantasie und Poesie; Rhythmik, Witz, Skurrilität der vielen bunten Texte werden Kinder wie Erwachsene begeistern. ISBN: 978-3-85326-272-6

A B C D E F G H I J K L M N O P Q R S T U V W X Y Z

Inhaltsverzeichnis

Alphabetisches Namensregister der Kräuter und Gewürze

A B C D E F G H I J K L M N O P Q R S T U V W X Y Z

Bibliografische Information der Deutschen Bibliothek
Die Deutsche Bibliothek verzeichnet diese Publikation in der Deutschen Nationalbibliografie; detaillierte bibliografische Daten sind im Internet über http://dnb.ddb.de abrufbar.

www.residenzverlag.at

2. Auflage 2010

Text: Gerda Anger-Schmidt und Renate Habinger ✖ **Illustrationen:** Renate Habinger ✖ **Fachlektorat:** Christa Schmoiger | Drogistin ✖ **Rezepte:** Seiten 21, 39, 45, 62: Conni Hladej | Seiten 23, 111: Renate Habinger | Seite 85: Katrin Magnitz | Seite 91: Christa Schmoiger ✖ **Grafische Gestaltung:** Renate Habinger ✖ **Schrift:** Residenza ✖ **Gesamtherstellung:** Druckerei Theiss, St. Stefan im Lavanttal

ISBN 978-3-7017-2065-1

alles aufessen?
Anis blühen
Humus
ich
JAHRESZEITEN
Kümmel
Kürbis
Leben
querfeldein
schmecken
Wunder
zehn Ziegenböcke zuckern
zwei Zwetschkenkuchen
ziemlich zaghaft.